安全领导力书系

CRC Press
Taylor & Francis Group

安全信任力

管理者如何以信任实现安全管理从合规到关怀

[澳] 克莱夫 · 劳埃德（Clive Lloyd）◎著
朱亚威　丁邦红◎译

Next Generation Safety Leac

From Compliance to Care

中国石化出版社
·北京·

著作权合同登记图字：01-2025-2724 号
Next Generation Safety Leadership : From Compliance to Care 1st Edition
By Clive Lloyd/9781003051978

图书在版编目（CIP）数据

安全信任力：管理者如何以信任实现安全管理从合规到关怀 /（澳）克莱夫·劳埃德（Clive Lloyd）著；朱亚威，丁邦红译. -- 北京：中国石化出版社，2025. 9. -- ISBN 978-7-5114-8057-6

Ⅰ. X931

中国国家版本馆 CIP 数据核字第 2025F5Y102 号

中国石化出版社出版发行

地址：北京市东城区安定门外大街 58 号
邮编：100011　电话：(010)57512500
发行部电话：(010)57512575
http://www.sinopec-press.com
E-mail：press@sinopec.com
北京科信印刷有限公司印刷
全国各地新华书店经销
*
710 毫米 ×1000 毫米 16 开本 7.75 印张 86 千字
2025 年 9 月第 1 版　2025 年 9 月第 1 次印刷
定价：98.00 元

目　录

第二部分

译者的话

迄今二十余年的安全职业生涯中，无论是作为安全领域的实践者、咨询顾问，还是培训讲师，这些角色都使我得以从多维度深入安全生产管理一线：从深入一线实地勘察、掌握生产实况，到参与企业高层战略与管理方案制定，推动系统化安全治理；同时，也持续为基层团队提供培训与专业支持，助力安全能力全面提升。

这一过程让我清晰地认识到，不同组织在安全绩效上的显著差异，往往并不在于硬件设施或规章制度的完善程度，而更多源于管理理念与人文环境的本质区别。那些持续取得卓越安全表现的企业，普遍重视人的价值，致力于构建信任、开放、包容的组织关系；而仍处于被动应付、责任推诿状态的组织，则大多延续控制与指责式的传统管理模式。

在与许多安全专业人士交流的过程中，我常被问及如何提升安全管理能力，希望推荐相关书籍。然而，我国国内现有的安全管理著作多侧重于传统模式介绍与法律法规汇编，真正从"人"的角度出发、探讨领导力与组织行为的高质量内容仍较为匮乏。这也让我深感推荐之难。

正是这些观察与反思，成为我翻译《安全关系力》与《安全信任力》两本书的核心动力。我期望通过引入国际层面关于安全领导力、信任构建与人际作用的前沿理念，为我国安全生产领域的实践与对话注入新视角，推动从"管控"到"赋能"、从"合规"到"共建"的范式转变。

《安全关系力》与《安全信任力》作为姊妹篇，共同指向一个核心命题：人是安全的核心，信任是安全的前提，而关系则是安全的基石。传统安全管理长期依赖规章约束、技术防护与事后问责，其背后实质隐含了一种“人性本恶”的假设——将员工视为规则的被动执行者，甚至潜在的违规对象。这种模式不仅忽略了人作为安全系统中最具能动性与创造性的核心资源，也严重低估了信任与关系在协同防御与文化生成中的催化作用。

尽管组织在公开场合不断强调“人是最宝贵的资产”，也广泛认同人的归属感、主人翁意识与创新精神对运营绩效的贡献，但在安全实践中却常与之背离：员工往往被默认为安全隐患的来源；事故一旦发生，指责与惩罚仍为首要反应。这种将员工置于对立面的做法，不仅侵蚀其归属感与责任感，更压抑了其创新意愿，最终削弱组织整体的运营韧性与安全文化根基。

澳大利亚格里菲斯大学研究员大卫·普罗万博士指出：“安全科学的发展比其母学科（如心理学）滞后约三十年。”这种滞后体现为对惩罚性手段和形式化流程的长期依赖——这些做法不仅无法提升安全绩效，反而加深了管理层与员工之间的对立，持续损害信任与人际关系。而信任与良好关系，恰是安全治理中至关重要的“软性支撑”；缺失它们，开放沟通和集体责任便难以实现，安全管理亦容易流于表面和被动。

正如安全科学近年所不断揭示的：“人为失误”往往并非事故根源，而是深层系统缺陷的表征。唯有从认知层面实现根本转变——以信任为基础，将员工视为“解决问题的伙伴”而非“制造问题的对象”——我们才能真正走向以人为本、信任为纽带、关系驱动的新型安全治理。

这一重要转变，与我国《安全生产法》所倡导的立法导向高度契合。该法明确提出“三管三必须”原则，系统构建了企业负责、职工参与、政府监管、行业自律与社会监督的多元共治机制，并特别强调“全员安全生产责任制”的建立与落实。这些制度设计不仅拓展了责任主体，更从立法层面确认了员工在安全治理中的角色转变——从被动的执行者转变为主动的参与者、监督者和贡献者。与此同时，法律明确赋予了从业人员批评、检举、控告和拒绝违章指挥与强令冒险作业的权利，从而在制度层面为“信任”与“参与”提供了坚实的法律基础，体现了以关系和信任推动安全共治的现代治理理念。

然而，法律所规定的“参与”能否真正落地，极大程度上依赖于组织内部是否具备良好的关系质量与稳固的心理安全感。在我多年提供企业咨询与培训服务过程中，屡屡听到一线人员这样的反馈：“我们不是没有安全方面的意见，而是不敢说、没人听”“领导只下指令不对话，我们只好选择沉默”。一旦员工因担心后果而隐瞒隐患，因缺乏信任而拒绝沟通，再完善的制度也难以发挥作用。正如组织行为学所反复验证的：没有关系，就没有信任；没有信任，就没有真正的安全。新《安全生产法》所倡导的“全员参与”机制，其真正实现离不开组织内部信任文化的培育与关系能力的建设——而这正是《安全信任力》与《安全关系力》共同聚焦的核心议题。

在我的咨询实践中，反复观察到因信任缺失而导致的一系列问题：员工选择沉默、安全数据失真、改进措施推进困难，甚至出现隐患被刻意隐瞒不报的情况。正如安德鲁·霍普金斯教授在2005年就已指出的：“如果员工不信任管理层，任何安全行为计划都难以奏效。”信任构成员工主动报告隐患、自觉遵守规程、积极参与安全改进的心理基础。缺乏信任，就难以开展坦诚的沟通；没有心理安全感，就无法形成学习与创新所必需的空间。信任与心理安全感不仅是文化要素，更是实现法定“全员参与”从条文走向落地的关键支撑。

因此，当代安全领导者必须将构建信任视为核心职责，并系统提升与之密切相关的“安全领导力”。本书正是围绕这一关键主题展开，不仅深入剖析了传统安全管理方式如何在无形中侵蚀信任，更提供了切实可行的策略与方法，助力管理者在日常互动中逐步积累信任资本。本书中强调，安全领导力的提升始于管理者对自身角色的根本转变——从监督者与评判者，转变为支持者与赋能者；从仅关注“事”的合规性，转向真正重视“人”的感受、成长与参与。

本书系统解析在培育信任与心理安全感的过程中，哪些策略切实有效，哪些做法可能适得其反。第一部分重点综述安全文化研究的重要成果，尤其聚焦心理安全感在组织中的关键作用；同时批判性探讨某些常见的安全管理理念、工具及沟通方式，是如何无意间削弱信任、阻碍安全文化发展的。第二部分则转向实践导向，为读者提供一系列可操作的技能与策略，用于在日常管理行为中建立和巩固信任与心理安全感。持续践行这些方法，将有效推动组织安全文化实现从“规则合规”到“包容关怀”的成熟演进。

本书的翻译工作由我与丁邦红先生共同完成。丁先生身为拥有三十余年现场经验的安全专家，主要负责第二部分实践案例的翻译，并对全书专业术语的准确性与实践语境的适用性提出了宝贵建议。其余部分的初译及全书的审校与统稿工作由我承担。在翻译过程中，我们始终以忠实原文实践性与启发性为首要原则，并充分考量中文读者的阅读习惯与管理语境，力求在准确传达原意的基础上提升文本的可读性与适用性。尽管已反复斟酌与校验，疏漏与不尽完善之处仍在所难免，恳请广大读者批评指正。

在此，我要特别感谢中国石化出版社的潘向阳主任与陈玲编辑。从版权引进到编辑校对，他们以高度的专业素养和严谨细致的工作态度为本书的出版提供了不可或缺的支持，在此谨致诚挚谢意。

愿《安全关系力》与《安全信任力》这两本姊妹译作，共同为我国安全生产工作的进阶提供系统化的理论参考与实践指南。本书所倡导的，不只是一套方法体系，更是一种立足于尊重、信任与共同成长的领导理念与文化导向。它从管理机制与文化根基两方面，为践行《安全生产法》所强调的“员工参与”与“全员安全生产责任制”提供了扎实的理论依据与实现路径。

安全，不应只是张贴于墙的标语、记录于册的规章，更应成为嵌入日常的信念、可见可感的关系和发自内心的承诺。唯有构建起彼此信任、相互负责的关系网络，安全才能真正从一个被动的管理目标，转化为一种内在的组织文化能力，进而为个人福祉、企业稳健运行和社会的持续健康发展提供坚实支撑。

谨以这两部译作，献给所有为我国安全生产绩效提升而持续努力的管理者、实践者与一线同仁。我们坚信，人是安全的核心，信任是安全的前提，而关系则是安全的基石。愿我们以信任为纽带、以关系为基石，共同构建一个更安全、更开放、更人性化的工作世界；愿安全不仅成为我们内化于心的能力，更是经济社会持续健康发展不可或缺的根本保障。

朱亚威

2025 年 9 月

序

安全行业正处于危机之中。

不知为何，澳大利亚似乎仍执着于那些过时的、侵蚀文化的、基于恐惧的“传统”安全模式和理论，而我们似乎怎么也摆脱不了。我们已将“安全”的含义肤浅化，采用惩罚性手段——其基础不过是纸上规定、形式主义流程、个人防护装备和“抓犯错的人”这类脆弱根基。更值得警惕的是，我遇到的大多数管理人员、团队负责人甚至安全专业人士，竟都坚信这套方法是正确的。

有时我会发现自己在想，是否要继续留在一个似乎永远无法变得更好的领域。但随后我会提醒自己当初投身安全领域的初衷，特别是从像克莱夫这样带来积极改变的杰出人士身上汲取力量，从而摆脱这种想法。

你或许觉得这一切听起来有点悲观——开头的基调相当消极。你的感觉没错，事实确实如此。但我是个诚实的人，而且我已明白，应对挑战的最佳方式就是直面残酷的事实，从而确切地弄清楚我要解决的问题究竟是什么。没错，我认为整个安全行业正处于危机之中。但我同样相信，我们仍有机会将过时的安全管理理念带入现代。以下便是我正在采取的行动，一家企业一家企业地来，一项任务一项任务地来：毕竟，一口吃不成胖子。

· 我们需要摆脱关键绩效指标（KPI），转向一种接纳人性特质并认可其对安全的积极贡献。我们需要更善于发挥人的潜能，将人视为解决方案而非问题本身。毕竟，人为失误不是“原因”，而是更深层问题的表象。用克莱夫的话说，行为本身不是问题，而是问题的外在表现。

· 我们应当以高可靠性组织（HROs）为参照，从中汲取如何营造集体专注当下的状态、如何培育韧性并由此提升能力的启示。

· 我们应当与我们的领导者和管理者，分享在那些积极的安全论坛中围绕诸如“安全Ⅱ（Safety-Ⅱ）”和“安全新视角（Safety Differently）”等概念所展开的精彩讨论，甚至更好的做法是——把领导者直接带进这些论坛现场，让他们既参与交流又能获得直接启发。

· 我们需要将信任视为成熟安全文化的关键预测指标，打造心理安全感的工作环境，让积极的安全干预措施成为我们潜意识中的蓝图，并将员工视为我们安全计划的“客户”。

· 我们必须与员工真诚互动，带着学习目的去倾听，而非为回应而倾听。当前我们试图解决的诸多问题，其根源正是我们倾听能力的缺失。

· 也许最为重要的是，我们需要保持开放探索的心态，赋予自己和他人分享安全故事的能力，并相互学习。因为我确信，某个角落定有人正在经历与我相似的安全困境，并且已找到了有效的破局之道。

安全行业正处于危机之中。正如克莱夫在本书阐述的内容，借助新一代安全领导力启动从合规到关怀的转型，或将为行业痛点找到破局之钥。

蒂姆·达斯（Tim D'Ath）

安全与环境部主管

墨尔本和朗塞斯顿机场（Melbourne and Launceston Airports）

前　言

作为一名步入心理学领域第三个十年的从业者（其中大部分时间专注于安全领导力研究），我倍感鼓舞的是，仍有研究人员持续探索工作场所安全文化与绩效的关键预测指标。但令我感到不安的是，鲜有行业领导者将这些循证研究成果付诸实践。

通常而言，每一代人都会在前人经验的基础上持续进步。但在安全领域却未能遵循这一规律。自上而下的层级式强制合规管理模式，其盛行的程度与20年前别无二致，这直接导致许多企业的伤害率持续处于停滞期。

为何会如此？

格里菲斯大学研究员 David Provan 博士最近与我的对话中提出："作为一门学科，安全科学的发展比其母学科（如心理学）滞后约30年。"

我倾向于认同这个观点，但问题依然存在：原因何在？

安全管理者通常并非学术研究者——他们宝贵的时间往往消耗在堆积如山的文书工作和没完没了的安全巡查（Safety Walk）中，尽管我认识几位会抽空阅读同行评审研究的人。他们需要应对诸多相互冲突的优先事项和 KPI 指标，却鲜少将"我们的做法是否有实证依据？"这类问题纳入考量。忙碌的安全管理者未必关心研究背后的统计分析（如 p 值是否小于

0.05），他们只想知道相关研究对自己的实际意义，以及如何运用这些成果来保障员工安全。

此外，当前大量关于有效安全领导力（实际上包括广义上的领导力）的研究都指向"软技能"的重要性（这个称谓容易产生误解）。牛津英语词典将其定义为：使人能够高效且和谐地与他人互动的个人核心素养。

过去20年里，我主要从事与采矿、石油、天然气和建筑行业相关的工作，这些行业的组织往往带有"大男子主义"特质（如男性比例过高、行事传统守旧等）。在这些行业中，软技能常与瑜伽、豆腐和绿叶蔬菜一样被轻视。相较于接受感性化的心理理论，企业领导者显然更倾向于依赖工程技术管控和安全管理系统。

因此，这常常表现为"我们根本不知道自己不知道什么"，即便我们确实了解情况，它听起来也够费劲的（同时又矛盾地显得"软"，即太虚）！无怪乎安全管理者们会退回到自己熟悉的做法。可悲的是，这种做法往往依赖于通过行为主义等陈旧模式下的方法来强制合规。如果技术的发展速度与安全领域同步，我们现在可能还在使用Commodore 64电脑和点阵打印机！

这种情况既令人沮丧又情有可原。尽管人们很容易想要指责安全管理者不愿推行基于证据的实践方法，但或许心理学家及相关领域的研究人员需要改进工作，为管理者提供清晰可行的策略，而非仅仅阐述关于事故三角形、领结模型（或者蝴蝶结模型）和瑞士奶酪的抽象理论。

近期兴起的"安全新视角"（Safety Differently）运动，正是对安全领域长期沿用旧有框架却鲜有实质性突破这一现状的及时回应——从组织领导者到安全专业人员，一直在用过时的安全框架。该理论的核心前提（即"人是解决方案提供者而非问题原因"）承诺在数十年军事化训练营式的安全实践后转向更人性化的发展方向。然而目前，在众多安全从业者（即便非学术界人士）看来，"安全新视角"更多的仍是一种颇具吸引力的理念，而非一种有令人信服的研究证据证明其有效性的可操作方法。

然而，确实存在一个强大且稳定的安全绩效预测指标，所有组织及领导者都能唾手可得，任何安全举措的成功都仰仗于此，但该指标却长期被安全行业所忽视。本书要探讨的，正是这个核心要素——信任。

缺乏信任（以及与之紧密相关的心理安全感）：

· 人们不会主动直言；

· 团队不会全力投入；

· 数据指标不会反映实际情况；

· 新举措难以推进；

· 人们不会承认错误；

· 人们不会分享想法。

在安全领域，我们需要的根本转变是代际变革（即需要全员观念革新，安全模式要跟上社会及技术的发展），即领导者首先致力于建立信任，并具备获得这种信任的权限、知识、技能和能力。

本书广泛参考了相关文献，但并非仅基于学术研究。通过 20 年实地工作经验——与全球多行业高管、资深管理者和一线员工共事——我深刻理解了卓越（及普通）安全领导力的实践特征，并将通过具体案例展现这两类领导模式。

本书面向各层级管理者，从董事会成员到一线主管。若你身为高管仍认为安全工作只需交给“安全部门”，请务必重新思考！若 CEO 感觉到董事会不支持根本性变革，他们就不会主动推进这种变革，这将导致组织整体变革受阻。变革必须始于“高层”，否则永远不会发生！

后续章节我们将重点解析：在培育信任与心理安全感良性生长的组织氛围时，哪些策略切实有效，哪些可能适得其反。

本书第一部分综述安全文化发展的研究成果，特别聚焦心理安全感的关键作用。随后将探讨某些常见的安全管理理念、工具及沟通方式，如何在无意中削弱信任并阻碍安全文化培育。

第二部分将为读者提供可用于建立信任与心理安全感的实用技能及策略。持续践行这些方法，将助力你组织的安全文化从基于规则的合规性阶段，逐步发展至包容性关怀氛围的成熟阶段。

如何使用本书

阅读过程中，请特别留意每章结尾处的反思问题。强烈建议你将对这些问题的深度思考记录在专用笔记本中，这些思考成果将成为后续开展团队管理层共创活动的重要基础——相关活动方案将在第二部分具体说明。

通读全书后，建议重点重读第二部分着重培养特定技能与策略的章节。请采取分章精进的学习方式：每次专注实践一章的核心方法，待该领域达到一定熟练度后再推进至下一章节。通过这种渐进式掌握过程，你将逐步具备在团队中构建信任关系的能力，从而营造出高心理安全感的协作环境，赋能团队成员充分发挥潜能。

致 谢

对我而言，幸运是当准备与机遇相逢时的产物。早有意愿撰写本书，但腾出时间启动（更遑论完成）这项工程看似幻想。直到某日收到领英（LinkedIn）平台某位素未谋面、偶有互动用户的私信。他询问能否在其著作中引用我频繁分享的行为安全观点。由此开启深度对话，未料想随后竟收到出版社邀约，请我审阅他的手稿——我欣然应允。

提交审稿意见后，出版社再次联系我并表示：当我准备好撰写个人专著时，他们乐意出版……真不错！这正是我启动本书写作所需的机遇与催化剂。在此特别感谢《安全从业者实用指南》（*A Practical Guide to the Safety Profession*）作者Jason Maldonado——你无意间的激励让我停止借口拖延，真正付诸行动完成本书！同时感谢CRC出版社及Taylor & Francis集团给予的出版机会，尤其感谢Michele Smith和Shannon Welch在整个项目中的专业支持。

多年以来，我有幸与众多卓越的安全领导者共事并向其学习，他们的智慧成果以直接或间接方式融入本书。这些同仁均完美契合了书中定义的“新一代安全领导者”标准，其中多位更是本人方法论的首批实践者。他们展现出非凡勇气，愿意跟随我这个敢于突破行为主义“黑箱”的心理学者，共同探索植根于认知心理学、社会心理学、人本心理学及积极心理学沃土的全新安全领导范式。值得特别致谢的先行者包括：安东尼·唐纳德、布莱恩·富勒、戴维·斯帕克曼、迪昂妮·德鲁、汉·波特、杰奎·希金斯、吉姆·米勒、詹姆斯·霍尔、雅克·克里斯托菲德斯、马里奥·鲁索、尼克·菲茨帕特里克、彼得·肖、理查德·卢克斯顿、罗纳德·德赫斯、索菲·格雷斯、亚当·姆罗兹，以及撰写推荐序的业界标杆蒂姆·达斯。

约翰·菲利普斯与西蒙·鲍恩同样符合新一代安全领导者标准，关于他们的详细内容将在本书第二部分呈现。

我在领英平台组建的“智库”人脉网络也慷慨贡献时间与专业知识，持续为我提出的各类棘手问题提供深刻洞见——在此向所有成员致以谢意！

谨向历年参与“关怀因子计划”（Care Factor Program）的所有成员致意，无论你是董事会成员，高、中、基层管理者或一线员工。每个团队都给予我宝贵启发——感谢你们展现的勇气、坦诚及开放包容的工作态度。

特别感谢我的伴侣坦尼娅。她不仅是我的生活伴侣，更是事业伙伴。当我全神贯注投入写作时，她独自承担起维持我们公司 GYST Consulting 运营的重任。每当我冲动得想把笔记本电脑扔进垃圾桶时，她总是那个保持理性声音的人。

谨此致谢 GYST Consulting 全体成员：感谢你们的支持、鼓励与专业指导，更感谢你们始终践行我在后续章节中阐述的领导力特质。能与如此专业、博学且卓越的团队共事实属荣幸，而来自客户的多方反馈也印证了这份珍贵情谊的共通价值。

特别致谢心理学界同仁卢克·丹尼尔博士与杰米·托斯，为本书初稿框架提供专业建议；同时感谢 Mopki 公司的安吉拉·马格吉斯，其插画设计将书中核心概念具象化呈现。

必须特别感谢我的首席校对员，我的岳父埃里克·佩维，83 岁高龄仍以鹰眼般的细致审阅书稿，精准指出各类疏漏（他似乎对此过程乐此不疲）——谨致谢忱！

最后，感谢你亲爱的读者！愿这段从合规管理到人文关怀的探索之旅，能带来新知启迪、思维激荡与实践价值。

作者简介

克莱夫·劳埃德（Clive Lloyd）系澳大利亚籍心理学家，专注于安全领导力与文化构建领域，近期入选 Thinkers 360 全球文化领域思想领袖及影响力人物 50 强。作为 GYST Consulting 联合创始人兼首席顾问，他主导开发了广受认可的“关怀因子计划”。过去 20 年间，通过建立信任机制与心理安全感环境，创新安全管理模式，助力全球采矿、油气、建筑及公用事业企业提升安全绩效。服务版图覆盖澳大利亚、新西兰、斐济、美国、加拿大、南非、挪威、新加坡、中国、阿联酋、巴布亚新几内亚、沙特阿拉伯、英国及哥斯达黎加。现与妻子坦尼娅及两只救助的工作犬定居澳大利亚黄金海岸。

联络克莱夫可通过以下方式：

网站：www.gystconsulting.com.au

邮箱：info@gystconsulting.com.au

信任

第一部分

第 1 章

信任——领导力的核心资本

信任徒步而至，策马绝尘而去。

——荷兰谚语

在为团队举办研讨会时，只要有可能，我们都会邀请一位高层领导者进行开场致辞。此举彰显了管理层对变革进程的承诺与参与。同样，我们建议在研讨会尾声阶段，尽可能安排高层领导者出席总结环节，并针对研讨中产生的核心议题进行现场答疑。

这种方法通常效果很好，但并非总是如此！

在最近某矿区举办的研讨会中，安全总监格雷格主持开场并表现出色。格雷格此前已完成该培训项目，这次，他也期待自己的团队能获得同等深度的认知提升。他向全体参与者致谢，并明确指出此次培训属于公司实践“安全新视角（Safety Differently）”战略的重要组成。

研讨会进展顺利，全体成员一整天都保持活跃，求知欲旺盛且主动直言。他们制定了多个行动方案，并准备了若干深入问题，计划在格雷格返回总结会议时提出。然而最终到场的却是健康安全环境经理奈杰尔（格雷格另有公务）。由于奈杰尔此前休长假未参与本项目，我与他也是初次会面。他的开场白并未询问团队当日的体验，而是直接作出如下陈述（基本为原话复现）。

> 相信各位在小组讨论中收获颇丰——毕竟我们投入的培训成本可不低！期待未来能看到事故数量显著下降。希望大家已深刻理解遵守安全“黄金法则”的重要性，这也是我对违规行为零容忍的原因。那么，现在有哪些问题需要我解答？

尽管奈杰尔身旁的白板纸上列满待提问项，但现场却无人向他发问。学员或低头凝视桌面，或目光投向我——无一人注视奈杰尔！他最终调侃道：“克莱夫，这群学员真难取悦！瞧你把他们都讲得神游天外了！”

我强压下最初浮现的不悦言辞，感谢奈杰尔临时接替格雷格，并告知他，我和团队在收尾前仍需讨论若干事项。我补充说明稍后会找他单独沟通，后来确实如约前往，而这次“沟通”迅速升级为他急需的专项辅导。

奈杰尔在那煎熬的几分钟里，无意间彻底摧毁了与会者对团队文化变革尚存的一丝希望。他加剧了大家对主动直言的恐惧程度，进而削弱了团队内部的信任度。奈杰尔这场“鼓舞士气”带来的意外代价，印证了信任的脆弱本质。建立信任需要漫长时日，摧毁却只需瞬息之间。

1.1 安全文化成熟度模型

我的实践经验与研究数据共同表明，当恐惧感攀升时，信任度与心理安全感必然走低（典型表现为员工不愿主动直言）。反观高信任度团队环境，此类恐惧感自然消解，成员可以自由地分享他们的担忧与想法。正如埃德蒙森（Edmondson，2019 年）在《无畏的组织》（*The Fearless Organization*：

Creating Psychological Safety in the Workplace for Learning, Innovation, and Growth）中警示："21世纪，企业若固守恐惧文化，终将付出惨痛代价。"

帕特里克·哈德森（Patrick Hudson）教授也提出过类似观点，他在《安全文化成熟度五级模型》（Hudson，1999，2001）中将信任度提升列为文化成熟的核心指标。该基础模型问世20年来，虽经历多次框架调整（如凯尔中心曾用差异化术语描述同类模型），但其理论根基依然稳固。

不过，在整合最新研究成果并重点关注安全文化建设的社会心理学维度后，我认为对哈德森原始模型进行框架修订具有实践价值，具体改进方案可参见图1.1。

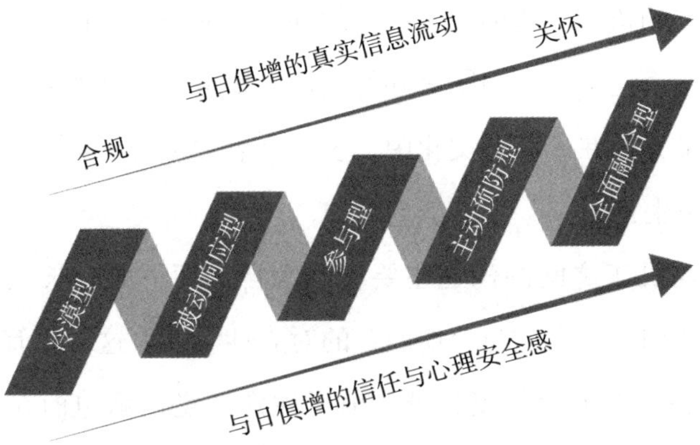

图1.1　从合规到关怀：安全文化的演进图谱

在哈德森最初的模型中，各个层级被描绘成彼此独立、界限分明的实体，这表明一家公司要么处于某一层级，要么就不处于该层级。改进后的模型则将层级演进呈现为持续进程，包含发展过程中必经的波折起伏。

哈德森模型也曾将"越来越知情的员工"视为进步的标志，但这种设定本质上仍属于自上而下的单向信息传递。我已将该指标修正为"与日俱增的真实信息流动"，这表明成熟组织文化的领导者不仅确保员工充分掌握信息，更主动获取员工反馈，形成真正的双向沟通机制。为了让团队成员自由地主动直言，必须存在心理安全感。因此，这一要素也被纳入模型之中。

最终，修订模型的核心要义展现了从被动合规到主动关怀的转变轨迹，阐释这一转变轨迹的深层内涵正是本书的核心命题。

各层级的基础属性，简要说明如下。

1.1.1 第一层——冷漠型文化

在冷漠型文化中，管理层采取“指责作业人员”的管理方式，通常将事故视为作业人员的愚昧、疏忽或蓄意违规行为的结果。“保障安全”被简单等同于机械化执行规程和遵守规章制度，安全部门则主要负责监督这些合规要求的执行。这创建了这样的感知，即安全工作与日常运营截然不同，这恰好否定了安全团队之外的人员需要展现可见的、可感觉到的安全领导力的义务。在冷漠型文化中，多数事故被视为不可避免的工作常态（“意外总会发生！”）。

管理层与员工之间的沟通主要表现为自上而下的家长式单向指令传达，且频繁使用“我们”与“他们”的对立性表述。这导致管理层常被感知为冷漠无情，双方信任度极低（值得注意的是，承包商在与具有冷漠型 + 被动响应型组织文化的客户合作时普遍遭遇上述问题，这也在一定程度上解释了为何承包商群体的事故发生率居高不下）。

1.1.2 第二层——被动响应型文化

在被动响应型文化中，安全是优先事项……但仅限于事故发生之后！当事故率上升时，高层管理者可能采取惩罚性措施等基于行为的管理手段，并可能以错误的假设实施运作——认为多数事故纯属一线人员的不安全行为所致。这导致员工对上报事故心存恐惧感，常向管理层隐瞒实情，从而阻碍关键安全信息的真实流动。因此，不难理解，被动响应型组织发生重大事故的概率显著高于行业均值（Hudson，2001）。

1.1.3 第三层——参与型文化

在参与型文化中，组织认识到员工积极参与安全讨论的重要性，因此会邀请团队成员参与其中。随着信任和心理安全感的增强，员工更愿意与管理层合作以改善健康和安全状况。此外，领导者现在愿意承认包括管理层决定在内的多种因素会导致事故的发生。安全绩效得到积极监控，数据也被有目的地加以利用。组织已开发出辅助危险管理的系统；然而，这些系统往往被僵化地应用（Hudson，2001）。

1.1.4 第四层——主动预防型文化

在主动预防型文化中，组织内大多数员工从道德责任和经济利益双重角度认同健康与安全的价值。领导层和员工共同认识到，事故致因因素具有多样性，而根本原因可追溯至管理决定（Hudson，2001）。人们越来越认识到，让所有员工感到被重视并受到尊重至关重要，这有助于建立信任和心理安全感。低成熟度文化中“我们与他们”对立的语言被“我们”所取代，管理层与员工之间的沟通越来越多地表现为双向的成人对成人交流。组织投入大量精力采取主动措施预防事故，通过可见的、可感觉到的安全领导力展现与真诚的员工关怀来预防事故。安全系统的设计初衷是服务员工需求，而非让员工适应系统。

1.1.5 第五层——全面融合型文化

在全面融合型文化中，领导者充分吸纳团队成员参与，因为他们被视为相关领域的专家。领导者创建了必要环境（高度信任和心理安全感），使员工能够承担管理自身风险的责任。

安全并非被视为与所从事的工作“分离”的事物——安全即组织开展业务的方式，其关注重点在于可靠性、经验萃取和精准执行工作。尽管此类组织可能已持续相当长时间（通常数年）未发生可记录或高风险事故，但不存在自满情绪。他们始终意识到下一次事故可能近在咫尺，但在应对挑战时仍保持高度韧性（Hudson，2001）。组织运用多种指标监测绩效，但不会唯绩效论，因其对人员和流程充分信任。作为学习型组织，通过全员参与，它持续致力于改进，不断探寻设计并实施风险控制机制的更优方法（Hudson，2001）。

我曾与多家全球多分支机构企业合作，注意到一个有趣的现象：这些企业虽然在不同分支机构采用相同的规程、政策、设备和防护装备等，但有些分支机构处于被动响应型文化，而另一些则处于主动预防型文化——为什么会出现这种差异呢？

答案就在于领导力！

埃德蒙森（2019 年）研究发现，团队之间的心理安全感存在显著差异。她指出，某些团队的领导者能够有效创造心理安全感蓬勃发展的条件，而其他领导者则未能做到。在更成熟的安全文化环境（主动预防型 / 全面融合型）中，增加出现频率或重要性的并非黄金准则、政策、规程、安全标识或标语——真正起决定作用的是信任、可感知的领导力、心理安全感及真实的信息共享。

除非重视这些与信任相关的文化要素，否则无论现有安全管理系统的质量如何，组织都完全无法向更成熟阶段发展。

我确信，试图通过直接聚焦于文化本身来改变安全文化几乎是不可能的。大多数组织文化规模庞大、历史沉淀深厚、难以具体把握且运作笨拙，根本无法直接改变。当第十次文化变革行动失败时，众多组织的失落与气馁也就不足为奇了。习得性无助感开始蔓延，他们最终只能放弃，不可避免地回归到“胡萝卜加大棒”的管理方式。

正如安德鲁·霍普金斯教授（2005 年）所言：

> 事实证明，当员工群体对其管理层缺乏信任时，安全行为计划是行不通的。在此类信任缺失普遍存在的情况下，企业经营者必须首先通过解决员工认为影响安全的问题来赢取员工信任。

霍普金斯教授的论点得到了一项澳大利亚研究的支持，该研究聚焦于煤炭开采行业。冈宁汉姆和辛克莱（2012 年）发现，“除非能够克服员工队伍的不信任感，否则即便是最善意且周密的管理举措，也会遭到质疑和破坏”。

仔细想想！即便是那些更具前瞻性、率先采用“安全新视角（Safety Differently）”方法的企业，只要未能首先消除员工群体中既存的不信任，仍可能遭遇质疑与抵制。看来“奈杰尔”还有许多工作要做！

首要任务：建立信任！

冈宁汉姆和辛克莱进一步总结称：

> 由于缺乏信任，员工几乎对所有公司管理层的安全举措都持怀疑态度，拒绝配合他们。安全观察流于形式，事故上报被轻视或忽视，先进的电子监控系统也被搁置一旁。另外，矿山管理层在职业健康与安全方面的领导力（以及中层管理人员的承诺）与公司领导层一样重要，没有它，员工的不信任就无法克服。实际上，大多数员工并不认同公司管理层，而且对他们也基本不了解。这强调了与矿山现场管理层建立个人关系及日常接触的重要性，这些互动为展现安全领导力提供了机会。因此，建立既能促进矿山管理层与员工合作关系，又能获

取员工对管理层主导举措支持的双向机制至关重要。

同样，在我合作过的组织中，那些成功向主动预防型或全面融合型文化转型的组织，其领导者都更注重人际关系而非规则和强制合规——他们与员工积极互动，营造心理安全感和信任感。

大量研究已证实，信任既是安全绩效的关键预测指标，也是主动预防型安全文化的重要组成部分（如：Carrillo，2020；Edmondson，2019；Burns et al.，2006；Eid et al.，2012；O'Dea & Flin，2001）。

具体而言，这些研究结果表明，员工对管理层的信任能够提升其在安全行为中的参与度并降低事故发生率（Zacharatos et al.，2005）。相反，其他研究指出，不信任会导致员工个人安全责任感降低（Jeffcott et al.，2006），并与工伤率上升相关（Conchie & Donald，2006，引自 Conchie et al.，2011）。

大多数企业都希望建立员工愿意报告危险及未遂事件的文化，然而鲜有公司能营造出使此类行为成为明确规范所需的心理安全感与信任氛围。康奇等（2011 年）指出：

> 信任是上报计划成功的基础，必须积极予以维护。即便上报计划已成功运行多年，但只要出现一例员工因提交报告而遭受处罚的情况，就可能导致信任崩塌，并阻断有价值信息的流通。

卡里略（2020 年）同样指出，若缺乏信任，几乎不可能获取到可靠且及时的信息，尤其在有人犯错的情况下。

简而言之，信任是领导者的核心资本。若缺乏信任，其他所有努力都将收效甚微。新一代安全领导者将深刻意识到日常互动如何影响员工的信任感和心理安全感，并将具备相应的知识、技能与意愿，据此调整自身的领导风格。

1.2 心理安全感

艾米·埃德蒙森在其已成经典之作的《无畏的组织》（2019 年）中，将心理安全感定义为：

> 心理安全感是一种让人们能够自在表达自我和展现真我的氛围。具体而言，当员工在工作中拥有心理安全感时，他们能够毫无顾虑地提出疑虑并承认错误，不必担心因此遭遇尴尬或报复。他们确信自己可以主动直言而不会被羞辱、忽视或归咎。他们知道，在对某些问题存在疑虑时他们可以提出问题。他们倾向于信任并尊重自己的同事。

埃德蒙森（2019 年）在承认信任与心理安全感存在强相关性的同时，对这两个变量进行了明确区分：心理安全感是群体层面的共同体验，而信任则指向个体或团体之间的双向互动关系。尽管存在这种理论区分，埃德蒙森（1999 年）仍强调信任对心理安全感培育的关键作用，并通过后续研究证实团队成员间的信任度与个体心理安全感水平存在显著正相关（2003 年）。

1.3 信任

从个体到人类文明，从亲密关系到全球经济，存在一个跨越所有维度的共同要素——这个要素一旦缺失，即便是最强大的政府机构、最成功的企业集团、最繁荣的经济体、最具影响力的领导权威、最深厚的友谊羁绊、最坚韧的性格特质，乃至最刻骨的爱情，都将土崩瓦解。

反之，若能将这一要素充分培育并善加运用，它便能在生活的各个维度创造无与伦比的成功与繁荣。然而，它却是当今时代最未被充分理解、最受系统性忽视且最被严重低估的潜在力量。这个贯穿人类文明的底层密码，正是信任。

——斯蒂芬·M. R. 柯维（2006，第 xxvii 页）

尽管柯维在《信任的速度》（*The Speed of Trust*）中的上述论述看似包含某些宏大断言，表面读来甚至略带夸张色彩，但我相信，鲜有人会质疑其核心洞见。我们多数人皆能通过切身经历证实：信任的坍塌会如何深刻影响组织内外的一切人际关系网络。

我们对他人的信任（或不信任），皆源自对其可靠程度、诚实度及/或能力的信念判断。信任是人类与生俱来的底层生存机制，是文明存续的根基性要素。信任与否的决定本身可能成为生死存亡的战略性抉择。正因如此，信任（尤其是不信任）触发的情绪反应往往直指人性本源。在工作场所，由于不信任而产生的焦虑、怨恨或根深蒂固的恐惧，可能会成为如下行为选择的决定性因素：

· 主动直言还是保持沉默。

· 按正确方式做事还是图快行事。

· 承认错误还是隐瞒错误。

· 积极参与安全举措还是暗中破坏。

· 分享想法还是将其藏在心底。

显而易见，员工间存在高度不信任的企业往往造成更多人员伤害，且其安全文化成熟度长期徘徊于低层级水平。尽管如此，许多组织（及领导者）似乎仍不愿通过协同努力构建并维系心理安全感，以应对这一显性挑战。鉴于前文所述的可观收益，人们理应认为此战略目标的必要性对决策者不言而喻。依我之见，真正的实践阻力实则源于方法论层面的困惑。

最新研究表明，通过实施提升团队成员间信任度的策略，可以有效改善心理安全感（Triplett & Loh，2017）。亲爱的读者，这些策略将成为本书第二部分的核心理念。

让我们通过更清晰地解析员工如何判断领导者的可信度，来开启这段探索之旅。

1.4 信任——一个可行的模型

在有关领导力和组织文化的相关文献中，被频繁提及的关于信任的模型之一是，Mayer 等（1995 年）提出的整合模型。该模型指出，信任是基于员工对三个关键因素的感知而产生的：

· 能力（感知到的专业胜任力）。

· 诚信（感知到的诚实与坦诚）。

· 仁爱（感知到的关怀程度）（见图 1.2）。

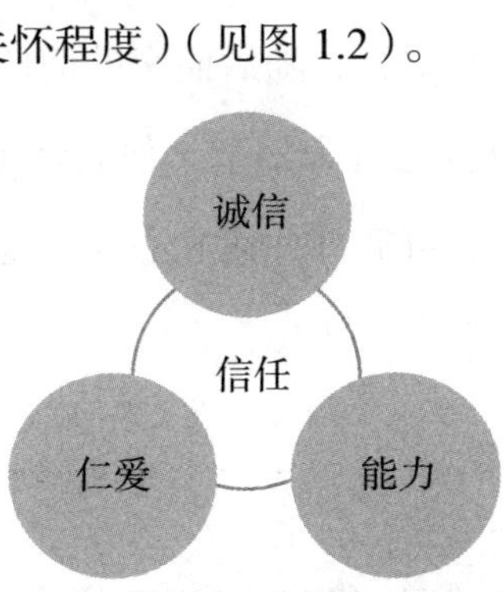

图 1.2 信任的三因素模型

1.4.1 能力

能力因素体现在团队成员对领导者专业胜任力如何感知。虽然领导者需要在必要领域展现能力，但团队并不苛求领导者全能。然而，若领导者在特定领域自诩能力出众却名不副实，将会引发信任危机。简历中的过度包装可能会使领导者自陷困境，同理，若领导者声称能解答团队所有问题（实则无人能做到），团队很快就会发现他不过是……虚张声势！（少承诺多兑现才是明智之举！）

新一代安全领导者在其主张上更为真实可信。当他们确实没有答案时，他们会谦逊地承认不足，并致力于与团队协作寻找答案和/或解决问题。

1.4.2 诚信

诚信因素体现在团队成员对领导者的诚实、正直、可靠和一致性如何感知。当领导者“言行一致”（walk the talk）、履行承诺、让团队充分知情，并基于价值观而非政治权宜之计行事时，他们就能在团队内建立信任。

反之，若领导者偏袒亲信、不履行承诺、隐瞒信息、表现出不诚实、背后批评他人或使用操纵性语言，随后而来的信任丧失可能迅速且严重。

新一代安全领导者以价值观为根基，他们将组织与个人价值观作为决策工具，以此实现一致性、可靠性并建立心理安全感。

1.4.3 仁爱

仁爱因素体现在团队成员对领导者展现关怀、同理心、同情或友善程度的感知。单纯地倾听员工的忧虑并认可其出色的工作表现，这些都是切实的关怀体现。这可以在现场通过可见的、能感觉到的领导力以及对员工表现出真诚的关注来体现。

新一代的安全领导者明白，表达关怀并非软弱的表现，不会以某种方式威胁或削弱他们的权力、地位，甚至（在某些情况下）男子气概。他们既展现出同理心，又具备出色的沟通能力（这将是第二部分的重点内容）。

套用一下歌手麦特·洛夫（Meatloaf）的歌词，“三占其二不算差”——然而，当涉及建立信任时，这还远远不够！

后续的研究表明，这三个因素在建立信任和/或克服不信任方面都至关重要。例如，一位领导者可能被认为专业能力很强、坦诚且诚实；然而，如果她/他被认为冷漠，那么信任就无法建立或维持，任何已有的不信任也无法消除。

有趣的是，在建立信任方面，诚信因素已成为最重要的因素，而在克服不信任方面，关怀因素（即仁爱因素）则被发现是最强大的组成部分（康奇等，2011年）。

卡里略（2020年）的研究也得出了类似的结论。此外，她的研究还表明了感知到的关怀与安全绩效之间存在明确的联系。在描述她的研究结果时，她指出：

> 员工感知调查显示，在那些高级管理人员被感知为不关心员工的场所，职业安全与健康管理局（OSHA）的可记录事故率更高。在一位被感知为冷漠的管理者取代了一位受人尊敬且重视员工的领导者之后，可记录事故率也有所上升。当那些在感知调查中，获得高信任度评分的主管所带领的团队在所在的工作场所中实现了零事故且生产效率高，而那些信任度评分低的主管所带领的团队事故率高且生产效率低时，这让我更加确信信任与绩效之间的联系。

对于为何众多安全领域的思想领袖、全球安全咨询公司、组织以及管理者宁可花费大量时间大谈口号、陈旧教条和过时的模式，以及“效仿他人做法”，而非专注于那些已被研究证明对安全绩效有重大影响的切实因素，目前尚无定论。或许，推行更多的规程、检查清单、规则和系统，远比培养信任、关怀和心理安全感（“软性能力才是真功夫！”）来得省力。但领导者应有清醒认知——对团队负责，意味着选择真正有效的方式，而非选择轻松舒适的做法。

任何认真致力于减少、最小化甚至消除伤害的组织，首先必须建立实现此类崇高且值得称赞的目标所需的信任。仅靠重复旧有做法绝无可能达成！

我们设计的安全、福祉与文化发展计划均以实证研究为根基，我们将其定名为“关怀因子”——结合前文研究，其命名用意不言自明。

对我们咨询公司而言，一个额外益处是：“关怀因子”计划的品牌效应往往能促使客户进行自我筛选——那些具备成熟度、谦逊与勇气（这些特质是项目发挥最大潜力所必需的）的客户会主动选择合作。当然，也有少数潜在客户认为“关怀”这一关键词对其员工而言过于“软弱”（我们确知此类情况偶有发生）。

试想一下！一位高层领导者（或领导团队）认定其员工队伍尚未“成熟”到足以参与标题含“关怀”一词的变革计划。但是，我们的经验表明：随着该计划推进及背景逐渐明晰，团队成员往往对信任与关怀的主题反响热烈，并在研讨会后频繁评论诸如“精辟！我们的领导层也该听听这些观点！”。

管理者常将自己的局限性信念投射到团队身上。领导团队缺乏真正支持以信任为基础项目的情感成熟度，因此若未先在高层管理人员层面进行深度辅导，推进这类项目将毫无意义。可悲的反差在于：这类企业中，有些企业仍热切强调自己的“零伤害”目标，而旁观者（及员工）显然能看出，这种宣称的抱负不过是无意义的陈词滥调，非但无法激发对目标的内在认同，反而可能滋生怀疑态度（第 2 章将深入探讨此议题）。

在澳大利亚这样的国家——每两天就有一名建筑作业人员自杀、每年约 200 人因工作场所事故丧生，而“关怀”理念仍被视为超出领导者（或其员工）的舒适区——此类观念依然存在，既令人震惊又站不住脚。当高层领导者认为“关怀”一词超出自己（或员工的）接受范围时，人们不禁质疑：如此冷漠的组织如何能应对员工中日益凸显的心理健康挑战？

那么，我们何以至此？

上述这类组织多集中于传统男性主导且崇尚阳刚文化的行业。此外，澳大利亚（及其他国家）的年轻男性自幼接受诸如“男儿有泪不轻弹”“硬汉不示弱”等观念灌输，因此在这些行业中，领导者若展现脆弱或表达关怀，往往成为令人却步的难题。

然而，领导者必须担起领导之责！是时候让这些崇尚阳刚文化的组织（从心理层面）成熟起来，展现真正促进心理安全感工作环境所需的情感成熟度、诚信与关怀了。我们是领导者，不是帮派分子！

本书第二部分将为读者提供建立团队信任（或克服不信任）的策略、技能与建议，但在这段从“合规”到“关怀”的转型之旅中，关键的第一步是，理解组织当前如何（往往是无意识地）损害团队的心理安全感。

某些破坏信任的行为显而易见（吼叫、缺乏诚信、辱骂、撒谎等）。然而，许多人未察觉的是：某些根深蒂固（通常出于善意）的“安全”实践，往往会产生反效果——增加恐惧、不信任与抵制情绪。

接下来的两章，我们将对安全领域的“神圣不可侵犯的做法”进行审视。每章末尾设有反思环节，邀请你思考这些方法如何影响你所在团队/组织的信任度与心理安全感。

1.5 关键要点

· 信任与心理安全感和更成熟的安全文化及安全绩效高度相关。

· 恐惧感越高，信任度越低，由此导致的心理安全感缺失将阻碍“主动直言”、主动预防型安全氛围的形成。

· 团队成员对领导者的诚信、能力及仁爱（即关怀）的感知决定其信任体验。

·“关怀因子”是破除团队不信任的最强效工具。

1.6 反思问题

· 在信任三因素（即诚信、能力、仁爱）中，你最需提升哪一项？得出此结论的依据是什么？

· 你目前通过哪些方式向团队展现关怀？

· 你与管理层可采取哪些具体行动来构建（或增强）组织内部的信任？

第 2 章

“零伤害”与其他陈词滥调

研究表明，如果目标不切实际，但是人们可通过作弊达成，那么他们就会作弊。他们会为获得激励而实施欺诈。

——乔治·洛温斯坦

假设某公司决定通过实施“零差错”的目标来更进一步推动绩效。这一雄心勃勃的目标被确立为该组织的“核心价值观”，“零差错”的海报被自豪地张贴在办公室的各处（甚至在洗手间里！）。

然而，不可避免地，在高调启动这一目标之后不久，还是有人犯了错。随着对这一事件如何发生的开展调查，士气一落千丈。之后推出了“零失误重启”研讨会，并制定了修订后的政策和规程，旨在防止此类灾难性事件再次发生。

目睹所有的忙乱、审计和调查以及随之而来的大量文书工作，员工们的恐惧感开始加剧，“如果是我犯了错怎么办？”。由于本质上人具有易错性，其他人也出现了差错。这些差错并不严重或引人注目——只是些小疏漏。由于无人目睹这些差错，心怀恐惧的员工们作出了一个可以理解的决定：不报告这些差错。

与此同时，浑然不知情的管理层团队正为其“连续 30 天零差错”的纪录感到自豪，并举办了烧烤活动庆祝这一成就，同时向那些看似“零差错”的员工发放了纪念帽、钥匙扣等小礼品。

然而可悲的是，由于未能从这些众多微小（且未上报）的差错中吸取教训，一起非常严重的差错发生了。

听着耳熟吗？

当然，上述故事纯属虚构（至少我希望如此！）。鉴于人类本质上的不完美，“零差错”这一概念本身就很荒谬。然而，许多组织似乎不愿承认：设定“零伤害”目标的结果，往往与我上文描述的情形如出一辙。

我认为多数领导者在更坦诚的时刻都会承认：在某些情况下，伤害事件会被重新分类以避免归入“工时损失伤害”（Lost Time Injury，LTI）范畴（如某人受伤后被安排“轻活”，从而不记为 LTI）。这种情况时有发生，且十分普遍！试想这会对员工间的信任造成何种影响（尤其是当重新分类仅出于数据考量时）。

2.1 对“零伤害”目标的研究

那么，“零伤害”目标有效吗？答案很可能是否定的！

正如 Dekker（2017 年）所指出的，Zwetsloot 等（2017 年）的研究及其他研究中，均未发现能通过将“零伤害”愿景作为独立变量进行对比研究，从而证明其对安全结果的具体影响。因此，目前没有研究表明“零伤害”（作为明确定义的变量）能够降低事故发生率。

此外，“零伤害”的狂热拥护者们有必要克制盲目的热情——根据英国建筑行业近期的一项研究结论显示：

在实行“零伤害”目标安全政策/计划的项目中工作，实际上似乎会略微增加发生严重人生变故或死亡事故的可能性；这或许就是所谓的“零目标悖论”…… 他们认为，一些大型组织似乎在放弃“零伤害”目标的趋势是有充分依据的。因此，如果“零伤害”目标政策阻碍了人们对经验教训的学习，同时又未能减少事故，那么显然需要一种制衡性论述。

（Sherratt & Dainty，2017）

事实上，这种制衡性论述确实存在。在某些情况下，“反‘零伤害’目标”运动的倡导者与某些狂热的“零伤害”支持者一样极端。若你认为我是在公然抨击这一“神圣不可侵犯”的理念，我建议你读一读罗伯特·朗博士的《*For the Love of Zero*》——他的批判可谓火力全开！但在我看来，此类极端立场往往无助于解决问题。

我们合作的大多数公司都有某种形式的“‘零伤害’目标”愿景。这并不意味着它们在某种程度上愚蠢、不道德、品行不端，甚至（如某些人所认为的那样）邪恶，持相反观点者既显无知又无礼。

我一直大力倡导始终寻找积极意图——这是一种强大且未被充分利用的有关影响力的领导力工具。与其指责领导层（或企业）做出看似错误或适得其反的决定（如设定“零伤害”目标），不如先探寻其积极意图：

- 预期的回报是什么（即积极意图）？
- 这种做法可能带来哪些非预期的负面后果？
- 是否可以通过其他更建设性的方式实现预期回报？

“‘零伤害’目标”愿景看似值得称道，而且我认为，这一愿景通常是出于真诚之人的善意而确立的，其目的在于将注意力集中在避免伤害上，并明确表明对他们而言任何伤害都是不可接受的。

然而，仅仅因为一个目标有着积极的意图，并不意味着它就是有益的。

关于目标需符合 SMART 原则的重要性已有诸多论述，尽管该缩写的解释存在多种变体，但其核心要素如下：

· 具体性（Specific）；

· 可衡量性（Measurable）；

· 可实现性（Achievable）；

· 相关性（Relevant）；

· 时限性（Time-based）。

即便稍加分析也会发现，“零伤害”目标很难契合 SMART 标准（若强行匹配，只能是削足适履！）。

“零伤害”目标具体吗？作为一个非此即彼（二元）目标，它似乎非常具体……但请稍等！“伤害”包含哪些内容？急救处理的轻伤、脚趾磕碰？是否包括心理伤害（如压力休假、过劳、焦虑、抑郁、职场欺凌、矿区自杀）？如果不包括，原因何在？即便通过这样简短分析，“伤害”的定义仍十分模糊——若目标不明确，衡量将变得困难甚至不可能。

该目标可实现吗？同样，这取决于你如何定义“伤害”。如果“零伤害”的构成标准定义模糊，我们如何判断是否实现了目标？更重要的是，你的员工是否相信“零伤害”目标是可实现的？根据我 20 年的经验，我很少见到哪个工作场所的大多数员工（甚至领导者）认为“零伤害”是一个可实现的目标。这一点重要吗？当然重要！

当面对上述质疑时，一些顽固不化的“零伤害”支持者会改口称：“这只是个理想化目标。”于我而言，这就像某些政客年复一年宣称要实现财政盈余……同样是“理想化目标”。而民众听到这类说辞时，只会翻白眼嘲讽：“得了吧！”

或许应该追求一个更好的目标？比如一个符合 SMART 原则的目标？一个不会让员工翻白眼的目标？

许多属于主动预防型或全面融合型文化的组织——例如高可靠性组织（HROs）——即便从未提及“零伤害”这个词，也频繁地实现持续低事故率。显然，不采用二元目标且避免引发员工质疑与不信任，同样可能实现卓越安全绩效。

在格里菲斯大学安全科学专家 Drew Rae 和 David Provan（2020 年）近期一档关于“零伤害”的精彩播客节目中，研究者汇总了所有相关可用研究的结果。他们给出的客观结论是：若企业尚未设立“零伤害”目标，则不必盲目效仿；若已设立此类目标，领导者需明确其存在的主要目的是引导企业关注安全运营本身，而非单纯追求数字目标。

我基本同意 David 和 Drew 的观点；但对于坚持保留“零伤害”目标的企业，我想补充一句：“停止对此喋喋不休！”每当领导者提及这个目标时，很可能在场的许多员工正在翻白眼！

除了“零伤害”，企业常用的另一句话是“你的安全是我们的最高优先事项”。若此话当真（而非空洞的陈词滥调），高管们需以真诚沟通为领导方式，而非使用员工听来虚伪的敷衍口号。领导者应效仿成熟企业的做法，选择循证有效的措施，而非仅图便利或表面安稳。

2.2 关键要点

· 二元安全目标（如“零伤害”）缺乏研究支持；事实上，“零伤害”目标计划已被证实与重大事故及死亡事件的发生率上升存在关联。

· 多数员工认为“零伤害”目标不切实际且无法实现，因此该目标易被视为空洞口号，引发质疑与不信任。

· 当企业过度追求“零伤害”目标时，可能对事故采取零容忍态度，员工则因惧怕追责及缺乏心理安全感而选择沉默，不会主动直言。

2.3 反思问题

· 你公司声明的安全目标是在增加信任还是在削弱信任？你是否认同该目标？员工是否认同？

· 该目标的意图是什么？是否已向员工明确传达？

· 应进行哪些对话（与谁对话），才能推动企业摆脱空洞口号和有关安全的陈词滥调？

第3章

基于行为的安全

行为本身并不是问题所在——它们是问题的外在表现。

——克莱夫·劳埃德

我们有权持有自己的观点——但无权编造事实！

近来，实证证据、同行评审研究和专家指导似乎在权威性上让步于无根据观点的阐述和“假新闻”（用当下流行语来说）。

尽管科学证据能够（且确实）为诸如儿童麻疹与脊髓灰质炎疫苗接种等重大公共卫生议题提供可靠的政策指引，但当下民粹主义政客却越发沉迷于既得利益集团的空泛说辞、阴谋论者的臆测推断以及普通偏执人群的荒谬言论！这些非专业人士展现出惊人的社交媒体运营能力，借助平台传播利己主义包装的“真相”，成功捕获了大量缺乏批判意识的受众群体。

数十年来，在安全领域重观点轻证据的现象同样普遍存在，最显著的例子便是，对基于行为的安全（Behavior-Based Safety，BBS）的持续使用（及推崇）——正如菲尔·拉杜克曾将其戏称为“基于指责的安全”！

在我庞大的心理学家人际网络中，我不知有谁会将行为主义作为首选治疗方式（当然，训练自己的宠物狗除外）。然而，尽管这种方法早在数十年前就已失宠，但基于行为主义核心理念的 BBS 如今仍在采矿、石油天然气及建筑行业令人不安地普遍存在。

BBS 确实带来了积极影响，正如水蛭在某些医疗过程中也曾发挥过历史作用一样。但这不意味着我希望吸血寄生虫成为医生的“首选”诊断工具或治疗方法！（请给我抗生素吧！）

我相信，BBS 对于那些处于文化成熟度较低层级的企业可能有所助益。也就是说，这种方法或许帮助了冷漠 / 被动响应型文化通过至少增强对安全的关注，向更具“参与性”的氛围迈进。然而，正如许多公司懊恼地发现，使用 BBS 向主动预防型 / 全面融合型文化转型极具挑战性。

这主要是因为，从根本上说，行为主义者认为后果是行为的驱动力——正强化会对“良好”行为者给予奖励，而负强化会导致不良或不愉快的后果（即惩罚）。如果对人类行为的理解真的如此简单，那么所有领导者需要的就只是一根棍子和一堆胡萝卜！

充其量，基于外部控制的行为方法可能产生短期被动合规——它们无法建立主动投入——而一旦外部威胁 / 奖励减弱，合规程度也会随之降低。此外，大多数人过段时间就很可能违反安全规则，因为我们的大脑实际上天生倾向于这样做。也就是说，我们（有意或无意地）会尝试调整常规任务使其更快捷省力——这正是自满心理的实质——而且我们都会这么做！因此，单纯依赖合规基础的安全方法从长远来看通常会失败（Read et al., 2010）。

这里的核心信息是：人不是机器人（当然也不是狗或鸽子！），“一刀切”的方法并不适用。管理者可能错误地认为，如果存在特定的前置条件，就会导致特定行为——但随后的行为很可能因人而异。个体的响应具有独特性，这基于其自身的内在处理过程，控制权在个体而非挥舞大棒的管理者手中（Read et al., 2010）。

最终，员工群体通常以负面视角看待基于行为的安全（BBS）。BBS

可能被视为专注于发现过失——抓住人们做“错事”的时刻（在安全巡视和安全观察中尤为明显），或是让他们“告发同事”。这种做法可能（且经常）导致将涉事员工作为问题根本原因进行追责（常见于冷漠型和被动响应型文化中），进而催生不信任并抑制未来对类似问题的上报，如图 3.1 所示。

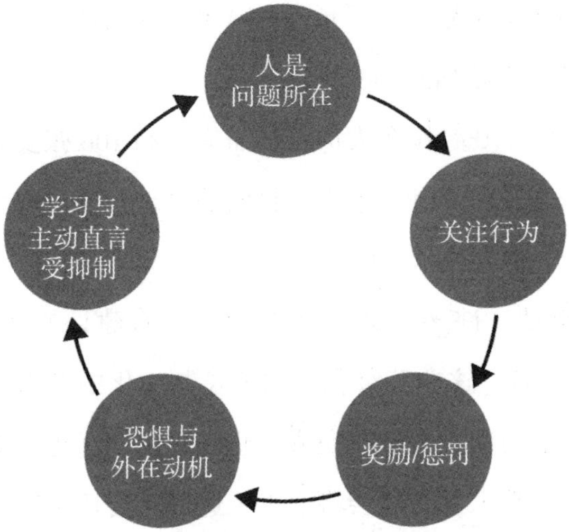

图 3.1　恐惧循环

3.1　深水地平线事故

2010 年 4 月 20 日，英国石油公司（BP）“深水地平线”钻井平台发生爆炸。如今影响恶劣的这场爆炸导致 11 名作业人员丧生，并使海底深处的马孔多油井向墨西哥湾泄漏了 500 万桶原油。后续调查证实，灾难源于一系列使风险增加却未能充分分析或缓解这些风险的决定与行动。

英国石油公司（BP）（值得一提的是，该公司当时——现在也是——“零伤害”目标的倡导者）和作业方越洋钻探公司（Transocean）同样采用了传统的 BBS 工具，例如安全观察。越洋公司关于此类观察的政策包括，每日填写 START 记录卡。事故后的调查中，作业人员分享了他们对此流程的反馈，并提出诸如以下的评论：

·“……关注重点是观察数量而非质量。”

·“大家尽量不‘告发’同事（可以这么说），你知道，我们本意是想帮忙，但公司高层却想借此揪出问题。”

·“我见过有人因为别人填了负面 START 卡而被解雇。”（引自 CSB 马孔多事故报告第 3 卷第 143–144 页）

钻井平台上的 110 名作业人员每日需完成约 100 张安全作业卡——近乎每人每天一张，这印证了一个不言自明的真理：当对规程的恐惧导致质量低下时，数量根本无关紧要！

从心理学角度，许多团队都普遍存在“有建议却不敢言”的现象（Edmondson，2019），这在等级森严的家长制文化中尤为明显。根据我的经验，越洋钻探公司作业人员对完成安全观察的担忧绝非个例。即便怀着最善意的初衷，这类工具迟早会将焦点（进而将责任）转嫁至作业人员身上，而在恐惧氛围中获取的数据必然失真。正如卡里略（2020 年）所述：“要打造高绩效工作环境，领导者必须建立能让员工轻松报告微弱信号、在面对期望不确定时能够主动直言的关系网络。”

这种行为主义方法往往传递着这样的信息：“你应该上报，因为这是正确的事。”这种轻率的家长式道德说教，未能考虑到，领导者可能尚未建立起足够的信任和心理安全感，让员工难以践行这类天真的主张。

正如埃德蒙森（2019 年）所言：

> 劝诫人们主动直言，因为这是正确之事，虽基于伦理论证，但并非是确保良好结果的策略。一味要求展现勇气的行为，实则是将责任转嫁给个体，却未创造能满足此期望的必要条件。

行为主义（以及由此衍生的上述 BBS 工具）往往忽视人的内在处理过程，转而聚焦于基本的刺激 - 响应方法。

3.2 奖励“良好”行为

行为主义的一个核心原则是正向强化——对积极行为给予奖励。这在训练犬类时效果显著：只要在罗威犬叼回木棍时就给予它零食奖励，然后，它就会持续该行为。但人类的复杂性远超于此。

遗憾的是，许多组织仍在采用具有风险的 BBS 实践——为“良好”行为（如特定报告期内零伤害）提供“安全激励”（如现金奖励）。千万不要这样做！这种原始且居高临下的行为主义方法可能适得其反，引发灾难性后果。

某全球矿业集团旗下的铝冶炼厂曾实施类似上述政策，即在特定时间段内若未发生工时损失事故（LTIs），将发放高额现金奖金。

在报告期结束仅剩数日时，一名未佩戴手套的叉车操作员在尝试移出卡住的托盘时拇指被割伤。一位同事（强烈建议隐瞒此事）协助伤者处理伤口并包扎，随后该操作员始终戴着手套遮掩绷带。事故未被上报，伤者也未就医——因为此举会引发管理层对严重伤情的警觉。数日后报告期结束，全体员工的奖金如期打入银行账户。

奖金到账后，这位自受伤后一直剧痛难忍的操作员前往就诊，却被医生告知伤口已严重感染需立即住院。由于感染程度严重并引发并发症，他的拇指不得不进行截肢。

真相曝光后，所有员工被要求退还奖金，涉事叉车操作员及其“热心”同事遭解雇。基于滞后指标（如 LTIs）的奖金制度存在严重缺陷——必然导致事故瞒报。理解人类行为动机，必须突破激进行为主义所推崇的

简单的刺激 – 响应模式。

正如 Smith（1999 年）所述：

> 心理学家还需探索诸多领域——动机、感知、创造力、问题解决、经验及人际关系等。随着这些领域新数据的积累，行为主义无法解释的疑问不断涌现，最终引发范式转变，催生出心理学新理论——认知科学。心理学或许已超越行为主义，但在管理学领域却截然不同。管理者仍在变本加厉地应用行为主义，事实上，这在命令与控制型管理系统中极具效用。我们如此大规模强力推行该理论，以致如今对其前提假设毫无质疑。

尽管上述论述发表于 20 年前，且后续涌现大量类似批判，BBS 至今仍被众多机构推崇，尤其是BBS方案供应商（说的就是那些吸血寄生虫！）。

尽管关于名人婚礼等琐事的“虚假新闻”或许无伤大雅，但在涉及人员安全的关键领域，我们绝不能仅因某项措施沿用数十年、“大家都在用”就默认其合理性。绝大多数理性人群仍坚持为子女接种麻疹、脊髓灰质炎疫苗——即便“疫苗致自闭症”的阴谋论甚嚣尘上（实则毫无依据！）。既然我们能为子女健康作出理性抉择，作为企业领导者，在安全管理领域更应践行基于实证的决策智慧。

3.3 关键要点

· BBS 依赖刺激 – 响应、非奖即惩的方法，该方法形成（或固化）了家长式层级结构与“指责作业人员”的思维定式。

· 这种方法不利于建立信任和心理安全感，而这两者恰恰是推动安全文化向更成熟阶段发展所必需的。

· 基于滞后指标设定激励机制可能会导致事故瞒报。

3.4 反思问题

· 你的公司是否基于滞后指标提供奖励？

· 你当前的 BBS 计划在哪些方面运作良好？

· 你对 BBS 计划有哪些担忧？

· 总体而言，你认为当前的 BBS 计划能否帮助你的公司迈向更成熟的安全文化层级？

· 如果不能，应（与谁）进行哪些讨论，以启动改进或超越当前 BBS 计划的进程？

信任

第二部分

第 4 章

组织价值观，抑或公司陈词滥调？

当你清楚自身价值观时，决策并不困难。

——罗伊·迪士尼

不久前，航空常旅客间流传着一句话："非波音不乘"，足见当时人们对波音飞机安全可靠性的信任程度——如今时移世易！2018 年 10 月，印尼狮航 610 航班坠入爪哇海；5 个月后，埃塞俄比亚航空 302 航班遭遇同样厄运，共致 346 人遇难。

波音 737 MAX 客机引发的危机，是这家航空巨头百年运营史上最严重的危机。除了超过 280 亿美元的经济损失，对公司曾经无可挑剔的声誉造成的损害更是难以估量。

正如波音前高级经理埃德·皮尔森所言："从'让我们打造高质量、安全的产品'到'让我们按时交付'的理念转化过程中，某些关键要素出现了偏差。"

波音公司核心价值包括：

· 诚信；

· 品质；

· 安全；

· 多元与包容；

· 信任与尊重；

· 企业公民责任；

· 利益相关方共赢。

上述案例揭示了企业“宣称的价值观”与“践行的价值观”的本质差异。宣称的价值观是企业公开声明的理念，而践行的价值观则体现在实际运营行为中。显然，至少在 737 MAX 项目中，波音高层的决定与公司核心价值明显偏离。

我常与寻求自身文化建设的企业合作，我们的方法中一个基本起点是，始终围绕价值观提出一些关键问题，例如：

· 你公司的核心价值观是什么？（你可能会惊讶于有多少高管甚至对此一无所知！）

· 这些是宣称的价值观还是践行的价值观？

· 你认为你的员工、客户及利益相关方会如何回答上述问题？

厘清这些问题可以帮助企业判断其价值观是在积极塑造文化，还是在暗中破坏文化。若企业价值观广为人知、被理解并被领导者用作决策工具，员工就能获得信任管理层的明确证据。反之，若企业价值观仅是海报或官网上光鲜的口号，既无人知晓更未被践行，那么，管理层决策就很可能沦为政治权宜与短期利益的产物。员工必将察觉这种言行不一，最终认定管理层虚伪不可信。

我从未见过哪家公司官网标注的价值观声明附带“免责条款”——“我们诚信经营，除非……”——但这恰恰是某些企业的运作方式。这种言行不一终将导致不可避免的损失：声誉受损、客户信任瓦解、团队心理安全感崩塌。

作为领导者，我们的个人价值观代表着我们理想中的最佳自我——

真实的自我。真实型领导力理论的奠基人比尔·乔治提出一个关键问题："当面临抉择时，是什么在指引你的方向？"在这种关键时刻，我们可能会受诱惑而偏离自己的价值观，或许出于融合群体、获得认同或自我保护的心理需求，而选择戴上心理面具。

我们在职业生涯中同样会遭遇此类两难困境。作为领导者，我们或许清楚公司的价值观已经指明了一条显而易见的道路；然而，若选择另一条路，可能获得可观的回报：执行更快、成本更低、操作更易、上司可能更满意、个人可能获得嘉奖等。

真实型领导者以价值观为根基，并将其作为决策工具。简而言之，如果其他路径与价值观不符，他们绝不会选择，无论短期利益多么诱人。始终以价值观为导向的领导者，可以在团队中建立信任。正如比尔·乔治（2003年）所述："真实型领导者通过选择独立于取悦他人或政治权宜的路径，展现高度诚信。他们言行一致，由此建立的信任度使他人愿意追随。"

任何真正希望构建信任与心理安全感的组织，都应从客观评估其宣称的核心价值观开始，包括这些价值观的知晓度与恰当运用程度。领导者若希望在团队中实现相同目标，也需对个人价值观进行类似反思。

波音高层领导者们如今该是多么痛彻心扉地渴望时光倒流，重新恪守其核心价值观呢？

4.1 真实地展现关怀

真实型领导力是为了"我们"的利益而充分展现"我"。

——汉娜·伊纳姆

每当我组织领导者集体培训时，都会进行以下简短活动——你也可以与领导团队尝试并反馈收获：

·提问："认为多数领导者真心关怀团队的人请举手"——绝大多数（甚至全体）会举手。

·追问："认为多数领导者善于展现这种关怀的人请举手"——举手者显著减少。

根据我的经验，大多数领导者确实关怀团队（尽管远非全体一致）。因此问题不在于领导者是否关怀，而在于他们要么不习惯表露关怀，要么不擅长展现关怀。这引出一个新问题——若领导者不表达关怀，团队成员如何感知到这份关怀呢？

不出所料，当我在团队层面进行同样测试——要求团队成员举手（若相信领导关怀自己）时，举手者寥寥无几。

正如康奇（2013年）所述：

> 领导者与员工的互动方式——可称为其领导风格——将在信任关系建立中起关键作用。越来越多的证据表明，领导者与员工建立情感联结的领导风格，有助于促进信任培养，并对安全产生积极影响。

不久前，我见证了一个卓越的安全领导力（亦是纯粹领导力）示范，生动印证了研究者所称"情感联结"的建设价值。

4.2 新一代安全领导者代表1：约翰·菲利普斯

约翰·菲利普斯是墨尔本大学项目服务团队的健康、安全与环境（HSE）经理，该团队实质上是大学的建设部门。多年来我一直了解并尊重约翰的领导力，当我们与其团队开展Care Factor计划时，他总是负责开场和总结。（“奈杰尔”只需观察约翰就能学到很多！）

在一次工作坊开场后的咖啡休息时间，约翰开始与他的一支施工队成员闲聊。他注意到团队里有个正在休息的新面孔——一个年轻小伙，便主动上前自我介绍。当约翰询问新成员在团队中的职责时，对方回答：“我只是个观察员。”睿智的安全经理约翰捕捉到“只是”这个词，便引导他探讨该角色的具体职责（确保人员远离危险等），随后讨论转向这一角色的重要性及团队对其赋予的内在信任。谈话结束时，年轻成员备受鼓舞，并决心充分利用自己的全新视角，积极寻找改进领域，以便在下一次交流中与团队及约翰分享。

没有KPI指标，没有计划好的“安全巡查”——仅仅是一个被出色把握的绝佳的领导力对话机会。它既不戏剧性、不花哨、不复杂，也不技术性。没有涉及任何文书工作——只是真实的、基于关系的领导力，展现了关怀并建立了信任——并使其他一切事物与之相比都相形见绌！

我在领英上发布了上述观察，截至最后一次统计，该内容已获得超过56000次浏览和724个“赞”。

我认为约翰本人都会对如此大量的反馈感到惊讶，更不用说评论区里表达的钦佩之情了。约翰只是保持本色，做真实的自己。我也发现自己对这条简单的社交媒体帖子能获得如此高的参与度有些意外。这表明约翰的方法确实引发了人们的共鸣。许多评论称赞这次互动的典范性，并感叹这种风格的领导力沟通实属罕见。事实的确如此，在一阵沮丧中，我不禁思考——既然这么多人认可约翰的方法是安全领导力的绝佳范例，为何实践者却如此之少？

虽然这看似是简单的对话，但让我们拆解实际发生的要素：

· 约翰对建立人际关系与信任的机会保持警觉。

· 他注意到团队中有新人。

· 他与员工真实互动。

· 他提出了一个精妙的问题。

· 他认真倾听并回应。

· 他发现了树立目标感、尊严感和心理安全感的机会。

· 他帮助员工重构具有局限性的信念。

· 他展现了真诚的关怀。

在那次简短互动中，约翰帮助新团队成员感受到自豪感与归属感，增强了他对领导层的信任，并使这位年轻人未来更可能主动直言。

约翰的做法集中体现了“可见的、可感觉到的领导力”，任何 KPI 驱动的流程都无法与这一做法的积极影响相媲美。正如卓越的罗莎·安东尼娅·卡里略所说：“政策无法创造无所顾虑地主动直言的环境。”而上述这样的对话却能极大助力构建“主动直言文化”蓬勃发展所需的心理安全感。驱动约翰领导风格的思维模式信任循环如图 4.1 所示。

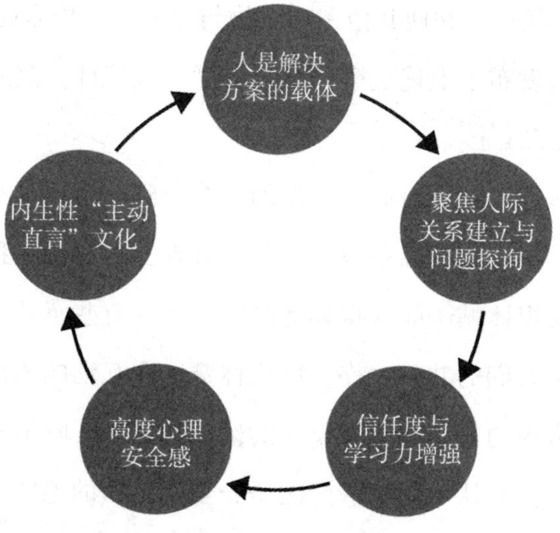

图 4.1　信任循环

当然，约翰并非遵循某种特定的领导理论——他只是做真实的自己。然而，这种真实型领导力——有人称之为软技能的有效运用——确有实证支持，它是促进信任与安全绩效的关键因素。

正如前文所述，直接聚焦文化本身并非推动文化变革的最佳方式——

文化的培育往往通过一次次真实对话逐步实现。约翰与年轻观察员的精彩交流正是此类互动的典范，当这种沟通方式成为常态，团队文化便能突破传统的家长式动态机制。当真实型领导力在所有工作团队中普及，组织文化自然形成。正如柯维（2006年）所言“与个体建立信任，即是为群体奠定信任基础”。

在梳理安全领导力相关文献时，一个结论变得异常清晰：传统的“命令－控制”式管理方法与培育主动预防型安全文化的已知要素完全背离。即便此类自上而下的等级化手段尚未消亡，也无疑已处于垂死挣扎状态！

然而，针对这种必然转变的抵触依然存在。近期在某矿场结束为期两天的领导力培训后，一位名叫“比尔”的主管将我拉到一旁说道：“谢谢，讲得很棒。但我是‘守旧派’，我就爱挥舞大棒，他们绝对清楚谁是老板！”他接着说：“明天你要培训我的团队，和他们交谈时你会发现两点：他们不喜欢我，但绝对尊重我！”

次日我确实见到了比尔的团队，他只说对了一半。他们确实不喜欢他；然而，他们也不尊重他——而是畏惧他！不出所料，比尔团队成员承认他们很少向比尔报告小事故或“未遂事件”，因为这么做的后果历来严苛且持续。因此，当我发现比尔团队的损失工时伤害频率（LTIFR）居全矿场最高时，并不感到意外。

奥迪与弗林（O'Dea & Flin，2001）研究发现，指令型领导者（如比尔）往往高估自身激励与影响员工的效能。此类陈旧的家长式管理方法，根本无法建立必要的信任水平，使员工不敢无所顾虑地报告安全隐患，也难以推动团队迈向更强的主动预防型或全面融合型安全氛围。

BBS方法体系及传统自上而下的管理方法的局限性，为新一代安全领导者探索更人性化、基于价值观的模式（如真实型领导力）提供了动力。

真实型领导力概念源于积极心理学运动，其关注点在于人们具备的积极特质，而非纠结于他们存在的（被假定）“问题”。该方法的基本论点在于：人类天生具有主动性，追求工作中的承诺感、责任感与成就感。正因如此，真实型领导力与当下“安全新视角（Safety Differently）”倡导者推崇的理念存在高度契合。

尽管目前关于“安全新视角”的研究的有效性尚显不足（无疑因其出现时间较短），但鉴于该方法的核心理念与真实型领导力原则相呼应（如激活员工参与、关注积极特质），我认为其作为安全文化发展的载体极具潜力，并将在本书最后一章重点探讨。

我对该理念的乐观预期基于以下事实：真实型领导力在安全研究领域已获得大量学术支持（如：Avolio et al.，2004；Dirik & Seren，2017；Mearns，2008；Cavazotte et al.，2013；Nielsen et al.，2013）。这些研究一致表明，该方法能显著预示积极的安全氛围，并证实了真实型领导力与安全绩效的关联性。研究者明确指出，组织应重点考虑招聘与培养真实型领导者，以此培育良性安全氛围并提升风险管理水平（Nielsen et al.，2013）。

你的领导风格更接近约翰与年轻观察员的对话方式，还是比尔的老派管理哲学？团队内部的信任（或不信任）程度将相应显现。基于自身核心价值观实施真实型领导力，并持续向团队展现关怀，这将成为构建心理安全感的快速通道。

4.3 关键要点

· 偏离核心价值观可能导致灾难性决定，尤其是在组织面临时间或财务压力时。

· 价值观可能只是宣称的口号，也可能是实际决策中持续遵循的伦理指南。

· 真实型领导者关注员工积极特质，采用协作式成人–成人领导风格。

· 基于价值观的真实型领导者持续展现对团队的关怀，由此建立信任与心理安全感。

4.4 反思问题

· 当面临抉择时，是什么指引你前行？你的个人价值观是什么？

· 你的团队成员是否知晓公司的核心价值观？

· 公司践行价值观的方式是在增强信任，还是在削弱信任？

· 领导团队如何向员工展现关怀？

· 你如何评价自己及其他领导者的真实程度？

· 需要做出哪些改变？

第5章

你有何故事？——通过自我披露建立信任

脆弱是创新、创造与变革的诞生之地。

——布琳·布朗 博士

我仍清晰记得初次见到菲尔的情景，以及当时对他的即刻反感。当时我刚加入某戒毒戒酒康复中心的临床团队，菲尔是治疗师之一。他看起来总是带着讥讽与愤怒，对同事和患者不断冷嘲热讽，却对管理层极尽谄媚，似乎总有无休止的故事向管理层吹嘘自诩的卓越才能。

我对菲尔的即时厌恶因“光环效应”（某领域形成的印象会影响对其他领域判断的倾向）而被强化和泛化，很快他在我眼中变得一无是处。

自然，我对菲尔的负面判断迅速成为自我应验的预言，在极短时间内，我们便陷入了相互厌恶的恶性循环。这种对立关系对我的工作、组织文化，以及最严重的——患者群体都造成了负面影响。

随后发生了一件简单却深刻的事。作为临床团队团体督导流程的环节，我们都被邀请分享自己的故事——各自的人生历程。菲尔极其真实而勇敢地分享了他在成长关键期遭受的虐待与忽视——他的兄姐如何被区别对待，父母又如何对他取得的任何成就都表现得冷漠且不屑一顾。

菲尔的分享让我理解了他当前的一些行为。他仍在寻求权威人物的认可，并对同级人员心存戒备，因此常表现出不屑或敌意。分享会后，我主动接触菲尔，并感谢他的勇气与坦诚。尽管我们从未成为挚友，但新获得的同理心使我得以超越自身情绪反应，与他建立起相互尊重与理解的工作关系。

我们每个人都有属于自己的故事。我们走过不同的公园，跪拜过不同的坟墓，人生经历塑造了当下的我们。很少有人拥有完美的童年，当基本需求未被满足时，我们会通过诸如佩戴心理面具等各类保护性应对机制调整行为。

人类大脑的惰性倾向让我们更偏爱系统一思维（潜意识、快速、自动、频繁、情绪化、刻板印象），而非系统二思维（有意识、缓慢、费力、偶发、逻辑化、计算式）。这意味着我们往往在极短时间内就对他人形成判断，尤其当我们不了解对方背景故事时。

史蒂芬·柯维在其经典著作《高效能人士的七个习惯》中，精彩地阐释了这一观点。

> 我仍清晰记得那个周日上午在纽约地铁经历的微小范式转变。车厢内乘客们安静地坐着——有人读报，有人沉思，有人闭目养神，氛围平和宁静。突然，一位带着孩子的男士进入车厢，孩童的喧闹瞬间打破了平静。
>
> 这位父亲在我身旁落座后便闭目养神，对周遭混乱视若无睹。孩子们尖叫打闹、乱扔物品，甚至抢夺乘客报纸，场面令人不适。然而邻座男士始终无动于衷。
>
> 难以抑制的恼怒油然而生。我无法理解他竟能如此冷漠地放任孩子胡闹而不加约束。显然其他乘客也感同身受。最终，我以超乎寻常的克制转向他说："先生，你的孩子严重打扰了大家，能否请你稍加管束？"

这位男士如梦初醒般抬起头，轻声说道："啊，你说得对。我确实该做些什么。我们刚从医院过来，孩子们的母亲约1小时前去世了。我不知道该如何思考，想来孩子们也不知所措。"

你能想象我当时的感受吗？我的思维定式瞬间转变。突然间，我看待事物的角度、感受与行为方式都截然不同。恼怒烟消云散，无须刻意控制情绪——内心已被这位父亲的痛苦填满，同情与怜悯之情自然流露。"你妻子刚去世？天啊，太遗憾了。愿意谈谈吗？我能做些什么？"瞬息之间，万物皆非。

当我们保持梳理，并与他人保持情感距离时，很容易对那些看似与我们不同的人妄加评判和谴责。近来我注意到，政治权宜之计常常通过强调群体间的差异（通常是人为捏造的）来实现，其毒性且自私的目的在于放大"我们"对"他们"的恐惧与蔑视。历史上，独裁者利用煽动性言论激发人们固有偏见，以谋取政治或意识形态利益的例子，比比皆是。了解他人的故事能赋予我们同理心与悲悯，从而看穿这种有害的言论，并打破无益的假设与刻板印象。

科技让我们比以往任何时候都更容易与同事保持联系。然而，电子邮件和短信正逐渐取代面对面交流，导致建立社交和情感纽带的机会减少。因此，对组织和企业领导者的信任度下降、员工参与度降低、企业文化逐渐瓦解，也就不足为奇了。那些愿意花时间分享自身故事（并倾听他人故事）的领导者，正在帮助扭转这一趋势，并在团队中建立心理安全感。

我们不太可能喜欢自己所有的同事或与所有同事融洽相处，也不一定认同领导层团队中的每个人。但若我们致力于真实地与团队成员建立联结，并努力理解彼此的经历，就能建立更多信任与同理心，从而形成更包容、更有温度的文化。

某种程度上，我们在工作中都会戴上"心理面具"——为了融入群体、减轻焦虑或保持舒适感。这些“面具”既被我们所处的文化塑造，也反过来影响文化，且往往弊大于利。例如，“硬汉面具”会阻碍自己和他人承认错误、上报问题，或在面临心理健康挑战时主动直言。

我的一位同事最近为石油天然气行业的高层领导人员主持了一场压力管理研讨会。他首先让参与者两人一组，讨论能帮助他们识别自身压力状态的信号（如情绪、心理、生理、行为等层面的表现）。讨论一段时间后，他发现有一组领导人员——现场资历最深的两名高管——始终沉默不语。他询问进展如何，其中一位回应道：“你知道吗？我们刚才聊到，自己整个职业生涯都在石油天然气行业里压制这些症状……以至于现在连识别它们都困难了！”

压抑情绪、陷入否认、戴上“心理面具”——这些行为在阳刚文化主导的行业中极为普遍。而这种对真实性的背离，不仅会损害团队信任，还可能对个人的心理与生理健康造成负面影响。

如果团队成员感到心理足够安全而能卸下他们的“面具”，情况会有何不同？真实型领导者通过摘下自己的面具来建立信任，从而让团队成员更容易效仿。正如罗莎·安东尼娅·卡里略（Rosa Antonia Carrillo，2020）所指出的，邀请团队分享个人故事能增强心理安全感。在观察成员分享故事的过程中，罗莎注意到一个有趣的现象：随着活动推进，每个故事都变得更加个人化——仿佛一个人愿意展现脆弱，便为下一个人承担更多风险铺平了道路。这种甘愿展现脆弱、敢于披露自我的行为需要勇气，但若能引领这种有力而真实的进程，其回报可能是巨大的。

5.1 如何开始呢？

如果目前分享你的个人故事对你而言像是一个挑战性目标，这里还有一种自我披露的途径——它可能更易操作，并可作为过渡的垫脚石。正如前言所述，你对每章末尾反思问题的回答将形成一份实用的总结。若与团队分享你希望改进的领域，你将展现出真实、谦逊及敢于展现脆弱的姿态。此外，向领导团队公开你的回答，可能成为引发广泛讨论与后续变革的有力催化剂。

5.2 关键要点

· 准备好摘下“面具”并分享个人故事，这可以成为在团队中快速建立心理安全感的捷径。

· 我们甘愿展现脆弱的态度，能激励他人分享自身经历，从而增强情感联结与信任。

5.3 反思问题

· 你对团队成员的了解有多深？他们对你的故事又了解多少？

· 你是否愿意通过分享自身故事向团队展现脆弱性？若不愿意，是否有其他方式可通过适度自我表露与团队建立真实联结？

· 你认为践行上述行为会带来哪些益处？

· 你计划何时开始行动？

第6章

注意你的言辞！

帮助他人更好地理性思考——而非直接告知他们该做什么。

——大卫·罗克

语言具有强大力量，我们所用的词汇至关重要。在日常交流中，我们所说的话对团队信任（或不信任）程度的影响，几乎无可比拟——其作用最频繁，也最深刻。

我们所用的词汇能引导团队以积极或消极、有益或阻碍、信任或恐惧的方式看待事件。

举个简单例子，我已决定从个人词汇表中删除“应该”一词（尽管偶尔仍会脱口而出！）。这个词可能损害人际关系与信任，通常可用“可以”替代。

例如，对比以下两句话：

· 你应该多锻炼。

· 你可以多锻炼。

在第一句话中，“应该”一词可能引发内疚感（如果选择不多锻炼），而第二句话中的“可以”则暗示了选择自由。用交流分析理论

(Transactional Analysis) 的术语来说，“应该”是与“家长”自我状态相关的词汇，因此听者很可能以“孩子”自我状态接收这句话。其他可能产生类似影响的表达通常以以下词语开头：

· 你必须……

· 你得……

· 你应该……

在冷漠型与被动响应型文化中工作的团队，会频繁听到上级使用此类使员工充满负罪感的话语。过度使用这种语言，易在领导者与团队间固化“父母－子女”式关系，从而扼杀所有权意识、责任感、创新力、创造力及心理安全感。

安全领域充斥着等级制（“家长式”）术语的案例。

例如：

事故调查（Accident investigation）；

安全专员（Safety officer）；

安全审计（Safety audit）；

合规专员（Compliance officer）。

谁会喜欢被“专员”审计和调查呢？团队成员常感叹安全管理者将他们当作孩童对待，而鉴于上述“安全”语言的普遍性，便不难理解他们为何有此感受——但事情本不必如此。

6.1 信任共建型对话

西蒙·鲍恩（健康、安全与环境部门负责人）在近期论文中描述了伦敦卢顿机场的转变——从使用等级制“父母－子女”型术语，转向更具包容性的“成人－成人”信任构建型语言。

> 仅通过纯粹的语言调整就产生了显著影响，因为某些词汇带有污名化意味。部分术语变更如下：顾问（Advisors）改为教练（Coaches）；事故（Accident）改为学习型事件（Learning Event）；事故调查（Accident Investigation）改为学习型回顾（Learning Review）；审计（Audits）改为持续改进机会（Continuous Improvement Opportunities）。
>
> （Bown，2019）

这种有意识地更少使用等级制“父母–子女”型术语描述安全事件、角色与流程的转变，最终会培育出更互信、更投入的团队。正如埃德蒙森（2019 年）所指出的，以这种方式改变语言能帮助人们“从‘归咎于个人能力不足’转向‘归因于系统复杂性’。这种视角转变对帮助人们无所顾虑地就问题、错误与风险主动直言来说，至关重要”。

6.2　如何应对棘手型对话

或许，心理安全感面临的最大风险莫过于需要应对潜在的棘手型对话。这类对话可能涉及承认错误、给予绩效反馈，或仅是表达相反观点。作为领导者，在此类场合中谨慎选择措辞至关重要。

以下是为领导者提供的建议，指导如何以真实、尊重的方式处理棘手型对话，并聚焦积极结果与信任维系。

6.2.1 首先，进行情绪自检！

是什么让对话变得棘手？如果你将即将进行的讨论预设为“棘手”，很可能是因为你预见到自己、对方或双方会产生强烈的情绪。我听过一些人表示，之所以不愿开启对话，是因为这可能会让对方感到不适。然而实际上，这往往与对方的感受无关，更多源于我们自己对“对方可能不适”的想象所引发的不安。

在展开对话前，明智之举是先评估自身的情绪状态。若我正怒火中烧，那么此刻显然不是对话的良机。愤怒不过是种寻常情绪，人人皆会偶尔经历，其本身并无“过错”可言。然而，当我们把愤怒投射到他人身上（这属于攻击行为），对方会迅速失去信任，并很可能进入防御状态（或回以同等攻击性）。

这类情境下需谨记：愤怒属于我们自己——无人愿意承接这份情绪。当愤怒来袭，肾上腺素与皮质醇在血管中奔涌，驱动着“战斗或逃跑”反应。在这种情绪高涨的状态下，我们常会提高音量，出口之言往往字字带刺！请先暂离现场，待怒意平息后再进行对话。有意识地预先设定谈话目标能有效辅助这一过程，如下文所示。

需牢记：

· 关注积极意图而非个人。当我们正在经历愤怒或挫败时——例如目睹看似违反安全规则的行为后——常会陷入判断和推断（如“他们粗心、鲁莽、欠考虑”等）。在这样做时，我们可能会忽视驱动对方行为背后的积极意图。

· 通过关注积极的意图，我们或许能了解到我们想象的工作方式与团队实际工作方式之间的差异。至少现在我们可以承认这种积极意图，并借此机会询问相关的风险（即开展学习型对话）。相反，如果我们只关注假定的“犯错者”负面特征，只会制造恐惧和不信任，任何潜在的学习机会都将丧失。

6.2.2 选对场合与时机

如果讨论并非正式流程的一部分，则应避免过于正式。在中立场所进行非正式交谈往往能降低对方采取防御姿态的可能性。同样，如果你预见到对话可能敏感或存在潜在困难，务必不要在公开场合发起（如在同事视线或听力范围内的工作区域）。在时间安排上，应尽量在触发事件（即你想进行对话的原因）发生后尽快展开对话。重提陈年旧事是不明智的，因为人们自然会好奇为何当时不提——他们可能还会怀疑你是否还有其他隐瞒——这可是破坏信任的真正杀手！

6.2.3 掌握好自己的言辞

请思考以下表达：

· 事情就是这样……

· 这应该是常识……

· 你应该……

· 你为什么就不能……？

以上所有“父母 – 子女”型用语（属于命令式），几乎未给他人留下表达不同观点而不被否定的空间。结果往往是对方沉默以对、进入防御状态，或只是点头敷衍，只求尽快结束这场痛苦的对话。

掌握好自己的言辞（采用平等式）。例如：

· 我认为……

· 我的理解是……

· 对我而言，可行的解决方向或许是……

在每种情况下，说话者都没有将任何内容陈述为“事实”，也没有暗示自己的立场是唯一可采取的观点——他 / 她只是在掌握个人的言辞及意见。这种个人语言所有权允许对方持有不同的观点，并仍然能够无所顾虑地参与对话，而不会被指责为错误。

6.2.4 邀请他人参与

在发表上述个人所有权型话语后，可跟进提问以邀请对方分享观点，例如：

· 你如何看待这个问题？

· 对此你有何见解？

· 你认为还有哪些可行的解决方向？

我们现在建立了一种双向对话机制，让他人能够无所顾虑地分享观点。这些方法不是制造恐惧和戒备，而是有助于维系信任和心理安全感。邀请团队成员分享想法、建议和挑战，是构建心理安全感的基础。这通常通过有效提问来实现，这也将是下一章的重点内容。

6.3 关键要点

· 语言具有强大力量。作为领导者，你的用词深刻影响团队成员感受到信任或恐惧的程度。

· 等级制的“父母－子女”型语言会削弱团队内部的心理安全感。

· 觉察自身情绪状态、对语言负责并邀请成员参与，能帮助我们在不破坏信任的前提下开展棘手型对话。

6.4 反思问题

· 你在多大程度上对团队使用家长型语言？

· 你所在公司是否使用等级制语言描述安全职能与角色（如事故调查、安全专员、安全审计）？可进行哪些调整？

· 你计划如何调整沟通风格与语言习惯，以提升团队心理安全感？

第 7 章

答案在团队手中，关键在于所提问题

评判一个人，应看他提出的问题，而非给出的答案。

——伏尔泰

我坚信，员工群体中蕴藏着领导者所寻求的诸多答案，但根据我的经验，“集体智慧”却鲜少被真正利用。

这不仅是对宝贵资源的浪费，也错失了建立信任、提升参与感、增强联结感与所有权意识的机会。

公共讨论中常强调“没有愚蠢的问题”，其目的是营造信任环境，让任何人都能无惧嘲笑或批评地提问。这一理念合乎逻辑，作为领导者，我们必须持续努力创造心理安全感，让员工在不确定或困惑时敢于提出问题。

话虽如此，有些问题确实比其他问题更有价值，而领导者最好避免提出某些类型的问题。

从事心理学工作 25 年来，我深信“问题的有效使用”（the effective use of questions）是领导者所能掌握的最强大的影响力工具之一，但这项技能在领导力培养项目中却未得到应有的重视。

许多领导者虽学过基础的“开放式”与“封闭式”提问技巧，但仍有更高效的方法可被快速掌握，并对团队文化与绩效产生显著影响。

本章将解析领导者如何快速提升提问技巧。首先进行一项简短实验……

请勿回答以下问题!

法国的首都是哪里?

发生了什么？如果你和大多数人一样（且具备基本地理知识），你的大脑自动将答案传递到你的意识中（尽管之前已要求你不回答）。你感知到了“巴黎”这个词。

提问具有强大力量，因为它能引导我们的注意力——人类大脑天生会主动寻求问题的答案。因此，领导者需谨慎选择提问方式。例如，对比以下两个问题：

· 问题 1：谁该为此负责?

· 问题 2：我们可以采取哪一项措施来推进?

问题1可能引发恐惧与防御心态，而问题2更易导向解决方案的探讨。

作为领导者，谨慎选择提问类型不仅能促使团队给出更有价值的回应，还能对团队主流文化产生积极影响。

7.1 假设型问题

再次思考以下两个问题：

· 问题 1：有没有问题?

· 问题 2：你们有哪些问题?

新手引导者或培训师常在培训结束时使用问题 1。这是封闭式、非假设型提问，最简单的回答选项就是“没有！”（通常表现为全体学员沉默端坐，暗自思考能否离场）。

截然不同的是，问题 2 是开放式且默认存在疑问，因此更可能激发学员回应。

针对上述场景的其他假设型问题包括：

· 基于我们目前所讲的内容，你的主要问题是什么？

· 在现阶段课程中，你认为最常被问到的问题是什么？

此类问题可以有助于提升团队在班前会或安全短会中的参与度。

假设型安全问题（如“你认为接班团队面临的最大风险是什么？”）极具效力，相较于被动型问题（如“存在风险吗？”），更易获得有价值的反馈。

7.2　假设型问题与诱导型问题

就意图与结果而言，假设型问题与诱导型问题存在显著差异。假设型问题不寻求特定答案，其使用前提是相信人们能够作出贡献，旨在提高他们表达想法的可能性。

而诱导型问题常作为修辞工具，旨在将答案限制在提问者的利己动机范围内。

诱导型问题的示例包括：

· 难道你不认为聪明人都该知道这点吗？

· 你还没意识到这是错的吗？

· 为什么你的团队这么懒散？

· 你难道不认同这可以更快完成吗？

这类问题常以以下句式开头：

· 既然……？

· 鉴于已知……？

· 为什么人们总是……？

· ……的意义何在？

诱导型问题常包含不合理的假设且本质具有操纵性，会侵蚀信任——简而言之，请停止使用这类问题！

7.3 内在导向型问题与外在导向型问题

基于多重关键原因，领导者需在团队中倡导内在导向型（通常俗称主动担责型）思维模式。内在导向型团队往往认为自身对情境有更强掌控力，也更倾向于采取积极行动。相比之下，外在导向型（即外部归因型）思维会削弱对个人掌控力的关注，可能导致消极怠惰、推诿指责、自我辩解与否认现实。此外，具备内控倾向的个体更愿主动直言，而外控倾向者则更易保持沉默（Kahya，2015）。因此，通过培养团队的内在导向型思维，领导者可以有助于提升成员的赋能感、参与度与心理安全感。

领导者习惯性提出的问题类型，会对其团队的主流控制点 / 归因倾向（内控或外控倾向）产生显著影响（正向或负向）。基本原则是：内在导向型问题往往引发内控型回答，即聚焦自身可控因素——如“我们能如何改进？”；同理，外在导向型问题则会催生外控型回答，聚焦外部环境因素——如“为什么资源总是不足？”。

7.3.1 外在导向型问题示例

· 谁该为此负责？

· 为什么我必须监督你做的每件事？

· 为什么我们这么倒霉？

· 这有什么意义？

这类问题可能严重损害人际关系、士气及整体文化氛围。它们无益于实际问题的解决，却常导致团队陷入无助感，并聚焦于指责与消极情绪。

7.3.2 内在导向型问题示例

· 我们从中能学到什么？

· 下次我们会采取哪些不同做法？

· 你认为我们如何能最好地推进此事？

· 对于如何改进，你有何想法？

此类问题——尤其是当领导者持续使用时——能引导团队聚焦解决方案，并增强掌控感与赋能感。此外，仅通过邀请团队参与决策与问题解决，就能使其体验归属感与参与感，进而提升自我效能、心理安全感与信任。

7.3.3 注意事项

尽管关注积极面通常更有效益，但存在例外。例如：切勿以乐观主义者心态进行动态风险评估！某些情况下需保持悲观思维，特别是在危险识别时。（事前推演永远优于事后检讨！）

7.4 引发不安感型问题

高可靠性组织（HROs）——通常与核能、航空等高危行业相关——以对潜在风险保持“持续不安感”而闻名。尽管处于安全文化成熟度的较高层级（主动预防型与全面融合型），HROs 的领导者不会宣称“我们实现了‘零事故’，我们做得很好——开个庆功宴吧！”，而是持续反思诸如“我们遗漏了什么？”“还需采取哪些行动？”以及反复自问“如果……会怎样？”

具有文化成熟度的组织，倾向于提出此类问题，这种自省型倾向有助于形成一种“集体关注当下”（collective mindfulness），尤其是当这一倾向与高水平的心理安全感相结合时，这一心理安全感能够让团队成员无所顾虑地主动直言。这些特质是全面融合型安全文化的显著特征。

遗憾的是，多数组织尚未建立足够的信任水平，使员工在分享坏消息时感到安心。与其追逐“零伤害”这类不切实际、轻率且非此即彼的愿景，我认为对所有组织而言，创造一个让员工在发现问题时能毫无顾虑地主动直言的环境，才是更有吸引力、更有价值且可实现的目标。接下来的两章将提供有力策略，帮助领导者实现这一目标。

7.5 关键要点

· 大脑天生会主动寻求问题的答案。

· 领导者可通过针对性问题引导团队注意力并激发他们参与。

· 主动担责型问题更易获得聚焦解决方案的主动担责型回应。

7.6 反思问题

· 总体而言，与团队沟通时，你更多采用“告知”还是“提问”？

· 能否举例说明你曾向团队提出诱导型问题和主动担责型问题的场景？当时若换用更好的提问方式会是什么？

· 下次会议中，你可向团队提出的有效的主动担责型问题有哪些具体示例？

第 8 章

不要迁怒于信使！让分享坏消息变得安全

埃德蒙森（Edmondson，2019）强调，团队需要充分的心理安全感，才能分享坏消息。同时，她指出，邀请团队分享坦诚反馈的活动不应是“碰运气”的随机行为，而是需结构性嵌入公司日常运营中才能发挥最大价值。

现实中，这种情况鲜少发生。领导者遇到挑战时，通常基于自身经验和 / 或领导团队其他成员的提议寻求解决方案，而这些方案往往只是被单方面强加给团队。

此类做法伴随诸多挑战和错失的机会，而我在安全政策与规程制定中频繁目睹此类情景。

考虑如下代价：

· 若缺乏团队成员的意见输入，领导者默认“一线”工作完全按自己的设想执行——这与实际工作方式可能大相径庭。

· 若解决方案未经协商直接单方面强加于团队成员，他们将缺乏所有权意识与认同感，难以全力投入变革。

· 若缺失终端用户的意见，解决方案将偏离实际需求，无法实现预期效果。

· 错失凝聚团队、构建信任、所有权意识与心理安全感的宝贵机会。

8.1 邀请员工参与

在公司全面推行“关怀因子计划”后，我们协助客户组织成立“倡导者”小组。该小组成员（通常由计划推广期间展现高度热情的志愿者组成）每月与领导者会面，分享新举措的落地进展反馈，并指出遇到的挑战领域。这种定期、结构化的会议有助于巩固成果，同时为促进双向真实沟通提供常态化机会。在《无畏的组织》（*The Fearless Organization*）一书中，埃德蒙森描述了皮克斯等企业如何通过组建“智囊团”（brain’s trust）激发员工坦诚反馈。当然，此类机制需遵循双向责任与期望：小组成员的意见需具建设性，避免人身攻击或贬低；领导者需不带防备地倾听，理解反馈本质是善意的，且源于真诚帮助的初衷。

组织无须像上文所述那样将此类参与邀请局限于任意群体。根据我的经验，定期邀请自己团队参与分享坦诚且直率反馈的领导者，将收获以下宝贵成果：

- 团队意识到分享想法、挑战甚至坏消息是安全的。
- 团队认知到自身对解决问题的积极贡献。
- 团队的自尊心、自豪感、赋能感与满意度提升。
- 对个人控制力与影响力的感知增强。
- 信任与心理安全感提升。
- 团队整体运作效能提高。

我们花费大量时间指导领导者提升主持此类定期、结构化会议的能力。最常使用的流程相对简单，但若引导得当，将成为一项极具影响力的活动——既能激发团队参与，又能引导他们识别需改进的领域。此外，该流程为团队提供了一个心理安全感的对话平台，使其能与领导者协作探索以解决方案为导向的路径，同时培育信任、包容与责任担当的文化。

这一工具名为斯托克代尔悖论（Stockdale Paradox）。

8.2 斯托克代尔悖论

詹姆斯·斯托克代尔上将（Admiral James Stockdale）是越南战争期间被关押在臭名昭著的“河内希尔顿”战俘营中军衔最高的美国海军军官。

斯托克代尔与他的部下属于“恶魔岛帮”——这些美国战俘经常被单独监禁，并定期遭受各种心理和生理上的折磨，斯托克代尔本人在被囚禁期间就遭受了超过20次酷刑。

尽管如此，斯托克代尔保持着斯多葛主义和坚韧的心态。他接受了所处环境的“残酷现实”，没有通过否认、伪装或逃避来逃避现实，而是将精力集中在他能够控制和影响的事情上，尽一切可能提振士气并延长同伴的生命。

斯托克代尔获释返回美国后，接受了著名心理学家兼作家吉姆·柯林斯（Jim Collins）的采访，分享了他与自己的部下应对这场磨难的心路历程。访谈中，柯林斯问斯托克代尔：“未能活着离开战俘营的人有何不同？”斯托克代尔的回答出人意料且反直觉——他说道，“这很简单——他们是乐观主义者！”

他进一步解释道：

> 这些人总说，“圣诞节前我们就能出去”。圣诞节来了又走了。接着他们说，“复活节前肯定能走”。复活节来了又走了。然后是感恩节，又是圣诞节……最终他们心碎而亡。

他补充道：

这是至关重要的一课。你必须要永远分清两种信念——一种是坚信自己终将胜利（这种信念永远不可丧失），另一种则是具备直面当前现实中最残酷事实的自律精神，无论这些事实多么难以接受。

柯林斯在其经典著作《从优秀到卓越》（Collins，2001）中将这一深刻的二元哲学称为斯托克代尔悖论（见图 8.1）。

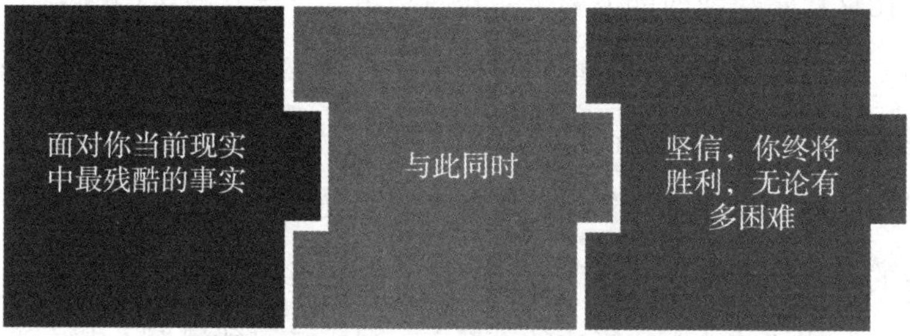

图 8.1 斯托克代尔悖论

悖论的核心在于：尽管斯托克代尔始终坚信自己与部下终将脱困，但他发现，未能幸存者恰恰是那些最盲目乐观的战俘同僚。乐观主义者通过否认处境的严酷现实，拒绝直面最残酷的事实，转而依赖逃避、否定或一厢情愿的幻想。

斯托克代尔悖论描述了现实主义的乐观——这种乐观通过客观审视挑战、承认残酷事实，同时坚守“我们有权选择如何应对”带来的信心，对保持韧性至关重要。

8.3 在团队中运用斯托克代尔悖论

根据我的经验，定期开展斯托克代尔悖论活动有助于及时解决出现的挑战。此外，当该活动成为团队日程的常规组成部分时，团队会越来越擅长从这一过程中获取最大收益。

以下三步活动不必过于冗长，尽管更复杂的挑战需要更多时间来攻克。

通常，我们会先在墙上贴两大张翻页纸。第一张的标题为“我们面临的残酷现实”。

8.3.1 步骤 1：识别残酷事实

在此页面上，参与者记录团队确认的当前挑战。引导者需协助团队具体说明这些挑战，因为描述越清晰，后续环节的效果就越显著。

如果邀请团队分享坏消息对他们而言还比较陌生，初期可能会有些犹豫，尤其是在信任度较低的情况下。若存在这种状况，引导者需通过强调“此环节的核心目标是识别需改进的领域”来确保流程安全性，并明确团队参与的价值与必要性。关键在于，当团队成员提出反馈时，引导者需避免表现出防御态度、争论倾向或轻视言论——此类反应会立即抑制团队表达意愿，并实际损害流程中的信任基础。

当发现挑战时，认可团队的努力，并尝试鼓励他们提供更多信息。通常最初的“残酷事实”相当宽泛。例如，“有些承包商不主动提出安全问题”（这种情况并不少见）。试着通过鼓励性陈述和温和的探询问题（如“这很有趣，你能详细说说吗？”）来获取更多细节信息。

补充信息可能包括，例如：

> 有些人担心，如果他们主动直言，就会被解雇——作为临时工，这种情况很容易发生。我认为有些承包公司也顾虑，若上报过多未遂事件，甲方可能终止合作。
>
> （此类反馈较为常见）

此时，“残酷事实”正逐渐清晰。有时，我会进一步追问：“那又如何？这会导致什么后果？这个挑战的残酷性体现在哪里？”此类追问可能引发如下回应：“若隐瞒未遂事故，便无法从中吸取教训，最终可能导致人员受伤。”

现在我们越来越清晰了，引导者需要认可团队的坦诚和真实——这能让团队知道这个过程是安全的，他们的声音被听到，并且他们可以毫无畏惧地提出坏消息而不必担心被报复。

8.3.2 步骤 2：确认能够掌控与影响的事项

本阶段涉及教导（或提醒）团队他们能够掌控和 / 或影响的事项（以及他们无法掌控和影响的事项）。通常采用柯维（2004 年）提出的控制圈、影响圈、关注圈模型来完成（见图 8.2）。

图 8.2 控制圈、影响圈及关注圈

关注圈可能看似与团队认为的一些“残酷事实”（即认为无法掌控且无法影响的事项）相符。然而，正如模型所示，我们始终能掌控自身的应对方式——包括思想、情绪、言语及行动选择。

接下来我们要求团队回顾已识别的残酷事实，针对挑战的每个要素标注可控、可影响、兼具或皆不可。例如：团队会（正确）得出结论——他们无法控制承包商是否主动直言，但他们很可能认为自己能够对其施加影响。

重要的是，这一过程绝非为了让领导团队逃避责任。团队成员通常认为，他们可掌控的另一件事情就是向管理层反馈领导层需要承担责任或做出改变的事项。

8.3.3 步骤 3：我们选定的应对措施

当团队明确他们能够掌控和 / 或影响的事项后，我们转向标题为“我们选定的应对措施”的第二张纸。

在此页面上，团队需基于已达成共识的可控 / 可影响事项，制定具体行动方案。语言需具体且以行动为导向。例如：如果团队一致认为他们可以对承包商主动直言实施影响，那么，这种影响能力在实操中如何体现？

如果他们一致认为，他们可以影响自己的管理层团队采取行动，以满足与承包商建立信任的需求，那么他们将如何施加这种影响？因此，第二张纸的内容需转化为清晰的行动计划（明确执行人、事项、地点、时间等要素）。

斯托克代尔悖论活动流程简明，但若能有效引导（并定期开展）将产生显著效益：

- 促进团队参与；
- 使团队确信分享“残酷事实”（坏信息）是安全的；
- 通过澄清可控 / 可影响事项，培育乐观心态与韧性；
- 建立所有权意识；

· 促进真实沟通的流动（自上而下与自下而上）；

· 增进团队信任。

如果领导者未吸纳自己团队参与，那么，他们将难以真正理解现场团队“实际作业方式”与管理层“设想的工作方式”之间的差异。此外，团队参与意味着员工不太可能认为组织变革与修订的安全政策仅是强加于他们身上——相反，他们会感知到自主权与包容性，最终提升参与度与心理安全感。

8.4 在领导层团队中运用斯托克代尔悖论

斯托克代尔悖论活动无须局限于基层团队。董事会成员、高管团队及一线管理者皆可通过分析自身（及他人）面临的残酷现实，获得深刻洞见。

每章结尾的反思问题的答案可汇总成一份实用纲要，作为领导层团队开展斯托克代尔悖论专题活动的基础。你识别出的待改进领域（涉及自身、领导层团队或组织）均可列为“残酷事实”，使领导层更清晰认知其可控 / 可影响事项，进而制订行动计划。

8.5 关键要点

· 必须确保员工知晓分享坏信息是安全的。

· 团队分享坏信息的意愿取决于心理安全感的存在程度。

· 邀请团队参与的反馈机制应结构性嵌入企业日常运营体系。

· 斯托克代尔悖论为实现上述目标提供方法论基础。

8.6 反思问题

· 你（或公司其他领导者）是否曾“迁怒于信使”？

· 你多久邀请团队参与一次？目前是否设有“倡导者小组”或“智囊团”？

· 员工在多大程度上被要求参与安全工具、系统和流程的设计？

· 你能采取哪一项行动，逐步建立一个定期、制度化的团队参与机制？

· 采取该行动后可能获得哪些收益？

在探讨分享坏消息的主题时，我们需将目光转向领导者可能面临的最残酷事实之一——工作场所事故的善后处理。

第9章

事故之后的响应

采取防御姿态无法掩盖你心知肚明本可做得更好的事实。停止将精力耗费在自我辩解上。

——托尼·柯尔

在我动笔撰写本章前，传来一起新的矿难死亡事故消息，此次发生在西澳大利亚州。这起最新悲剧紧随过去两年昆士兰州鲍恩盆地接连发生的多起矿工死亡事件。此类悲剧事件的公司新闻稿中都会包含类似这样一句话：“我们员工的安全始终是我们的最高优先事项。”

该声明是否准确，可能在后续调查完成后得到确认，但此刻并非发表此类声明的合适时机。只需让我们知道直接与间接受害者的现状，以及所有受事件影响的人是否已获得必要关怀与支持。此时重复“安全是我们的最高优先事项”的套话，只会显露防御姿态与政治辞令，反而模糊了本应聚焦的核心——对受害者的关怀。我常怀疑这些企业事后声明的新闻稿是否出自同一批律师之手！

企业对重大事故的响应方式，足以深刻揭示其真实文化。有时，即便文化较为成熟的组织，也可能因事件后的慌乱应对出现文化倒退，导致员工信任流失，并在利益相关方眼中声誉受损。

9.1 黄金海岸“梦境世界”事故警示录

“梦境世界”是澳大利亚黄金海岸（顺便说一下，黄金海岸是我的故乡）的标志性主题公园。2016 年 10 月 25 日，“雷河激流”游乐设施故障导致 4 人丧生。这场悲剧震动全澳。作为国内外游客的旅游胜地，黄金海岸之旅常将“梦境世界”列为必游项目。众多游客都曾在该设施留下欢乐记忆，因而人们深切意识到——这场悲剧原本可能会降临于任何家庭，包括我的至亲。

我清晰记得观看后续的新闻发布会时，公司高管的发言似乎更侧重维护组织声誉，而非对事故受害者的真切关怀。诚然，所有可预见的陈词滥调都在——诸如“安全是最高优先事项”、公司如何关怀受害家庭等；然而在母公司 Ardent Leisure 的年度股东大会（悲剧发生仅数日后召开）上，却被揭露高管根本未联系 4 名遇难者家属，尽管他们此前声称已联系！

在紧张的新闻发布会上，Ardent Leisure 首席执行官黛博拉·托马斯声称，她未联系其中 2 名遇难者家属的原因是“不知道如何联系他们”。

当被质疑主题公园存在不安全文化时，董事长尼尔·巴尔纳维斯宣称：“‘梦境世界’拥有强大的安全文化，这对董事会至关重要——这一点不容低估。”

然而，调查官得出了截然不同的结论，将主题公园的安全实践定性为“不负责任、危险且不充分”，并指出“梦境世界”的安全失败是系统性的。

其他令人震惊的调查发现，“雷河激流”设施在运营的 30 年间从未进行过风险评估，且在事故前 7 天内该设施已发生 5 次故障！

这些发现使调查官判定："只有当从董事会到基层的领导层都对安全问题漠不关心时，才会形成如此应受谴责的文化。"

或许这只是出于恐惧的本能反应——人之常情——在如此严重的事故之后，高层领导会迅速采取防御姿态。最近两起波音 737MAX 坠机事故导致数百人丧生，波音公司的高管们很快便进入防御模式，将飞行员失误列为可能的原因，但后续调查发现并非如此。

我回想起一次应矿区总经理要求协助开展伤亡事故复盘会议的经历。事故现场已做好安全管控，遇难员工 Doug 的家属也已获通知。抵达现场后，我进入一间会议室，总经理正与死者所属团队的 5 名成员共处。这 5 人均未目击事故，但都是 Doug 的挚友。

我立即注意到总经理主导着整个谈话，团队成员则低头看地面。5 人中大多双腿交叉、双臂抱胸（对总经理的信息呈现抗拒姿态）。接着我细听总经理的发言，他不断重复："我不明白，我们反复强调发现问题要停工。根本没必要走捷径！我们刚修订过规程……我真不明白！"

我不确定总经理是在试图说服自己还是员工，但显而易见团队成员对他的话毫无兴趣——他们始终低头不语。我随即介入问道："各位，此刻你们最需要什么？"5 人立即抬头与我眼神交汇，一名员工说："我只想回家见妻子——她肯定已得知事故，且与 Doug 妻子是密友——她现在必定崩溃。"其他几人随之点头附和："我也是，想去 Doug 家看看能否帮上忙。"

察觉到我的沟通方式及现场氛围变化后，总经理表示：

> 完全理解——各位离开前，若有任何需要表达或处理的事项，请告知我们。我将在今天晚些时候打电话给你们，了解大家的情况。但是，若有任何需求，请直接拨打我手机。

总经理最初的本能反应仍是开启防御模式——这可以理解。公允地说，他也处于震惊中，无疑担忧着事故对自身及企业声誉的潜在负面影响。虽然情有可原，但此时的辩解与归责不仅无益，更可能引发严重损害。简而言之，此刻唯一应聚焦的是为受害者提供关怀与支持。

所幸大多数工作场所事故不会导致死亡或重伤。滑倒、绊倒和跌落仍是工业事故中最常见的类型，通常造成的身体伤害较轻。然而，正如前文案例所示，即便在相对“轻微”的工作场所事故后，员工（及次要受害者）所受到的对待，也会对相关个人及组织的文化、声誉产生重大影响（Heraghty 等，2020）。

9.2 归咎型公正文化

无论你在哪里发现问题，通常都会看到相互指责的现象。

——史蒂芬·柯维

德克尔[①]（2020年）指出，事故发生后，奉行“归咎型公正文化”的组织领导者通常会提出以下问题：

· 违反了哪条规则？

· 违规程度有多严重？

· 应施加何种后果？

在我看来，此类问题会催生家长式流程与互动，其典型特征在于使用“不合规”“违规者”“违规”等自上而下的等级制语言。

当领导者在工作场所伤害事件发生后表现出防御姿态时，这类语言的

① 注：悉德尼·德克尔教授（2020年）发布了《恢复型公正文化检查清单》，强烈建议感兴趣的读者下载该资源——德克尔教授已将其公开共享。本书附录收录了该检查表副本（含原始文件下载链接）。下文将探讨该检查清单的核心要点。

使用暗示着指责，而这一指责往往指向作业人员。此类归咎型反应必然导致信任流失，并通过削弱心理安全感损害企业的报告文化。当员工担忧因事故被指责时，会产生表达方面的顾虑，未来更可能隐瞒真相（Kaur 等，2019）。如德克尔所言：

> 归咎型公正文化往往与隐瞒事故、不愿意报告和学习相关联。组织中权力层级越高者，越认为他们的归咎型公正文化是“公正”的。归咎型应对无法识别事故背后的系统性原因，从而导致事件重演。
>
> （Dekker，2020，p.2）

9.3 恢复型公正文化

相比之下，真实、基于价值观的领导者能够在事故后采取更成熟的行动方案。他们主要关注以下三个恢复型公正文化的核心问题：

· 谁受到了伤害？

· 他们需要什么？

· 谁有责任满足这些需要？（Dekker，2020）

此类问题引导领导者与利益相关者建立道德联结，促进受事故影响的人实现情感疗愈，并最终推动组织学习与改进（Kaur 等，2019）。此外，采用恢复型方法的组织更不易退步至低水平安全文化层级，且更可能维持高水平的信任与心理安全感。

鲜有流程能比从归咎型公正文化向恢复型公正文化的转型更能体现从“合规”到“关怀”的范式转移。再次重申，该方法既不复杂也不依赖技术，仅需践行三种稀缺品质：真诚关怀、真实性与价值观驱动的领导力。

9.4 关键要点

· 组织在事故发生后的应对方式会显著影响信任度与心理安全感。

· 防御姿态与指责常见于冷漠型、被动响应型文化中。

· 事故发生后指责员工将导致信任流失，并降低员工主动直言的意愿。

· 恢复型公正文化帮助领导者以道德方式回应事故，向受影响者展现关怀，保护团队心理安全。

9.5 反思问题

· 你的组织在事故后通常会如何应对？这些应对更倾向于归咎型还是恢复型公正文化？

· 若你身处前文总经理的情境，你认为自己将如何应对？

· 在您所在的组织中，针对事故后的应对措施，您可以采取哪些步骤来推动积极的变革？

上述关于恢复型公正文化及其提出者西德尼 · 德克尔教授的讨论，自然衔接至本书最后一章——聚焦由德克尔领衔的“安全新视角（Safety Differently）”运动。

第 10 章

安全新视角：从合规到关怀

变革的秘诀在于将全部精力集中于构筑新生事物，而非对抗旧有事物。

——苏格拉底

我首次接触“安全新视角（Safety Differently）”这一术语是在 2013 年，当时我在主讲安全领导力培训课程的间隙，与一位参会者交谈时提及。他表示：“明日我将与多位领导者会面，探讨如何从新视角开展安全工作。根据你今日分享的内容，你应该一起来——这正契合你的专业领域。”

事实上，“安全新视角”这一术语由西德尼·德克尔教授于 2012 年首创，出现在他发送给潜在合作机构的邮件标题中——这些机构被认为可能有意突破传统安全模式。

自首轮会议召开至今的 8 年间，这一理念已从低声细语演变为震耳轰鸣。如今，在全球任何安全会议上，若未遇至少一两位演讲者探讨“安全新视角（Safety Differently）”主题，反倒成为罕见之事。

鉴于该方法当前的普及程度，相信许多读者已熟知其核心理念；但对于相对陌生的读者，下文将提供概要说明。

10.1 何为安全新视角?

传统安全（即 Erik Hollnagel 定义的“Safety Ⅰ”）倾向于将人视为需要管控的问题。基于这种自上而下的领导模式，安全政策、规程和系统通常在没有或极少咨询员工的情况下强加给他们。

与传统安全形成鲜明对比的是，“安全新视角”从根本上将人视为解决方案的载体，认可其技能、知识与经验。因此，员工被邀请参与其中。正如德克尔所言，“安全新视角”以好奇心取代控制，以参与取代硬性规定，以深度介入取代简单指令。这样一来，通过让一线员工参与，安全新视角大胆地迈向了安全权力与决策的下放——它直接向实际执行工作的员工征询意见：工作应如何开展。

正如我的大多数客户与同事所知，我是“安全新视角（Safety Differently）”的坚定倡导者。在与客户共同推进这一目标的实践中，我越发确信：通过系统性地构建平等协作的成人关系与心理安全感，能自然推动组织向该模式演进。反之，若组织内信任与心理安全感薄弱，任何创新框架（无论其价值多高）都难获得认同——恐惧与不信任的员工群体将抗拒变革。第一章的这句箴言此刻犹在耳畔，值得在此重申。

> 除非能够克服员工队伍的不信任感，否则即便是最善意且周密的管理举措，也会遭到质疑和破坏。
>
> ——甘宁汉与辛克莱（2012）

若领导者希望推行“安全新视角（Safety Differently）”，必须首先评估是否已营造出能让基层员工接纳该理念的氛围。

在我看来，成功实施“安全新视角”完全依赖于信任。领导者自身必须迈出信任的飞跃——相信若允许员工全面参与安全流程的共创（如风险评估活动），由此产生的变革不会导致灾难！同样，若员工对管理层极度不信任（可能源于长期处于自上而下、家长式层级文化中），突然被邀请主导安全事务，极易引发猜疑、讽刺甚至抵触！

尽管信任是该管理方法的基石，但“安全新视角”的相关文献与讨论却鲜少提及此点——我认为必须改变这种现状。若组织未能为成功实施奠定必要基础，这一有价值的方法可能沦为又一场安全风潮。当前“安全新视角”的热度已达顶峰（至少在学术界），过于热忱的领导者极易让最初的热情推动仓促落地。我的建议是……

首要任务是建立信任！

当领导者对团队拥有必要的信任，并在整个组织中建立心理安全感时，“安全新视角”才能展现巨大潜力。此外，在信任已存在的情况下，“安全新视角”的本质将有助于进一步巩固和维持这种心理安全感。我相信，掌握前文所述技能并实施相关策略的领导者会发现，他们迈向“安全新视角”的征程已然开启。一旦信任与心理安全感得以确立，实践“安全新视角”便成为领导者持续汲取“集体智慧”的过程。

10.2　我们如何开始?

一方面，德克尔指出“安全新视角”并非规定性方法，也没有可供遵循的清单来成功实施该方法。事实上，他认为教条式地遵循某种方法将意味着回归到传统的安全思维。因此，许多直觉上认同“安全新视角”理念的领导者，可能因缺乏操作手册而失望，最终迅速退守传统安全模式（Safety Ⅰ）的舒适区。

另一方面，正如前一章所强调的，德克尔为促进恢复型公正文化提供了高度规范性的方法——这是“安全新视角”的核心要素。这种明显的矛盾之所以出现，是因为安全新视角以领导者邀请自己员工参与为核心。因此，这种协作方法产生的成果必然会因特定领导者及其团队而独具特色——它并非放之四海皆准的通用方案。

尽管如此，“安全新视角”相关文献的研究者们已识别出若干核心流程——虽然不能构成一套现成的方案——却可为成功实施奠定基础。

这些核心流程包括：

· 分权与授权；

· 流程简化；

· 分析“设想的工作模式”与“实际的工作模式”的差异；

· 赏识型调查；

· 恢复型公正文化。

此外，随着早期实践者分享他们实施“安全新视角”初步尝试的点滴经验，一些共通主题已开始浮现，可为志在变革的推动者提供指引。尽管成功实施仍需领导者深思熟虑，并在与团队互动中保持求知心态，但这并不妨碍我们向已成功践行“安全新视角”的先驱者学习。

10.3 新一代安全领导者代表 2：西蒙 · 鲍恩

在研究本章内容时，我采访了伦敦卢顿机场健康、安全与环境部门前负责人西蒙 · 鲍恩。他近期发表了一篇文章，概述了在该机场推行“安全新视角”方法的具体步骤。稍后，我们将简要了解他的实践历程，但首先请允许我分享对西蒙作为领导者（同时也为普通人）的个人看法。

在我们的交谈初期，我就明显感受到他是位真实型领导者——毫无伪装！西蒙不仅对风险管控、安全系统及其他安全技术层面有着极为丰富的知识，更让我感到如沐春风。显然，他渴望为团队和组织的利益带来变革，而非追求个人光环。他对团队成员的知识、技能、经验和贡献能力抱有绝对信任。我甚至敢用一年薪水打赌：他的团队也完全信任他！

我分享对西蒙的感知是为了阐明一个关键点——如果他不是一位真实、关怀型领导者，同时也不信任自己的团队，那么，他出于好意的做法很可能会失败。然而，鉴于他确实具备我上文描述的这些特质，实施“安全新视角”的方法体系不仅会被团队欣然接受，还将进一步巩固信任水平并维持高度的心理安全感，这几乎是必然结果。

“安全新视角”本质上是一种建立信任、参与度、所有权意识和心理安全感的理想方法，这也是我倡导它的原因。然而，如果领导者不具备我所归因于西蒙的关键特质，那么，他们将难以充分发挥该方法的潜力。例如，若没有事先的强化辅导，第 1 章中那位脾气暴躁的 HSE 经理“奈杰尔”或第 4 章中“守旧派”主管“比尔”，他们的团队几乎都不可能存在成功实施“安全新视角”所需的信任基础。

我们如何开始？首先要建立信任！

西蒙非常慷慨地投入时间，他不仅允许我分享其文章的大部分内容，还最近更新并编辑了文本以便纳入本书。这里呈现的是伦敦卢顿机场从传统安全模式转向实施“安全新视角”的过程，且以西蒙的原话为叙述主体。

案例研究：伦敦卢顿机场安全新视角实践

有一天，我在电台听到 REM 乐队的 *Losing My Religion*，顿觉“这不正是我在安全领域的写照吗！”正是在此之后，我有幸结识了几位极具启发性的人物——先是丹尼尔·哈默达尔，接着是约翰·格林，最后是西德尼·德克尔。

经历与丹尼尔的高阶研修班系统学习及系列深度探讨后，我决定尝试实践自己对安全新视角的诠释，但那个普遍存在的问题始终萦绕——“我该从何处入手？”

行动方案如下：

第一步是理念宣贯。我与首席执行官尼克·巴顿会面，他专注倾听并犀利提问。我认为对多数人而言，真正的“醍醐灌顶”时刻来自这个提问：企业仅在负面事件发生后才吸取教训，这算得上进步吗？

在会议中，我会持续向同事们提出：我们不仅要关注负面问题，更要从成功成果、自主权赋予和创新实践中学习。变革的种子开始播撒！在方案全面推行前，我坚持先为组织完成这些理念的培育。

若想成功实现分权、授权与流程简化，尚需完成若干前置工作。若要求员工自主管理风险，就必须确保全员具备动态风险管理基础技能。为此，我联合卓越使命（Mission Excellence）机构的贾斯汀·休斯——凭借其战斗机飞行员及红箭飞行表演队（Red Arrows）经验——开展了高压情境下的动态风险管理专项培训。

我必须在我的团队中建立信任，使我们被视为“赋能者”而非“约束者”。这促使我调整我团队的行为模式，将其更名为“HSE教练”，唯一宗旨就是指导、辅导、培养和促进。许多场景中存在惯性思维：事故发生后习惯归咎于当事人，却不去深入探究影响其行为决策的驱动因素——而这些因素往往能揭示真正的根本原因（通常是组织层面的失败）。传统安全人员倾向于“发现并纠正”，但我试图重塑教练们（即我团队的安全专业人员）的思维模式，将违规行为视为洞察机会。当面对违规行为时遵循三原则：询问、倾听、理解。结果成效显著，教练团队获得了更积极的评价，信任也逐步建立起来。

我选择货运中心作为首期试点，首先宣讲“安全新视角”的核心原则，继而推进赏识型调查，并与领导团队共同开展实地实践。首批调查中，我们发现作业人员面临风险却未遵守既定安全规程的深层矛盾——他们反馈现行制度根本不具备可操作性。典型案例体现在密闭拖车内的棺柩运输环节：作业人员需爬入车厢侧边，用指尖推移棺柩以便末端同事卸货。解决方案是由作业人员自主重新设计拖车结构，最终获得完全适配业务需求的改良装备。货运员工反馈：按传统模式，此类问题唯有在酿成事故后才可能被处理，且处理方式往往是问责当事人。自此，货运团队在亲身体验到前瞻性任务分析的好处后，工作热情显著提升，其中最关键的是他们作为领域专家的专业意见得到了实质性采纳。

另一项有趣的发现来自"设想的工作模式与实际的工作模式"评估。该任务涉及大型货盘分装作业——拆分载荷并重新分配至其他货盘，需使用升降作业平台。观察进行约10分钟时，一名作业人员请求暂停。询问原因时，他坦言："我们根本不这样操作。"经了解，团队实际采用地面直接作业法，因升降平台下降时货盘与作业坑间会形成无法防护的间隙，存在跌落风险，且加装防护装置将影响平台运行。通过深入探讨"实际的工作模式"，我们确认该方法虽存在差异风险，但总体风险等级不高于设想的工作模式。据此制定并实施新安全作业规程后，另一团队却反馈更倾向原有方法。基于团队的专业资质与能力评估，我最终决策授予其作业方式选择权——可在两种经认证的方法中自主择取。这成为机场首个双重工作方法并行的任务，目前运行效果良好。

在首次修订健康与安全政策时，我仅审慎引入部分理论，因不愿让员工感觉这是又一个可能随时间消失的"管理风潮"。这样做是为了，当发布第二版更明确的政策时，员工会产生"这些要求我们已在践行”的认知共鸣。此策略成效显著。当前完成的第三版政策已接近成熟形态。政策制定过程中，我需要想出一个人们能够产生共鸣的口号，因此我们选择了：“安全不在于零事故，而在于信任、所有权意识、参与其中及积极姿态的共存。”

另一项亟须改革的领域是我们的关键绩效指标体系（KPIs）。历史上，所有KPI均围绕负面结果设定，如RIDDORs、工时损失事故（LTIs）及事故数量。首年改革将正负面指标比例调整为5∶5，次年实现100%正面成效指标。这些指标主要源自员工调研数据——通过特定问题识别员工关切重点，进而根据反馈制定相应KPI。

需要克服的最大障碍之一，是从那种一有事就习惯性归咎于个人的做法中转变过来——正如我接触过的许多企业那样，每当发生任何问题时都采取这种归咎个人的态度。如果每次听到“要是他们遵守了安全工作制度就好了”这话我都能赚一英镑的话，我早就成富翁了！不妨换个思路想想，谁真的会带着受伤的意图来上班呢？是否可能存在更深层的原因，比如组织性失误？我们是否在组织层面辜负了员工，从而推动并影响了他们作出要完成工作却忽视安全的决定？

这些问题可能源于作业压力、与奖金或目标相关的因素、资源不足、流程/规程不准确、设备缺陷等。我需要让人们以不同的方式学习，避免急于下结论，与一线员工交流时不带有“发现并纠正”或责备的心态。我希望他们将现实波动视为洞察机会，并通过“询问、倾听、理解”的方法充分解析这些波动。这样，真正的专家（即实际作业人员）就能阐述他们管理风险的方式及背后的原因。我们还可以通过对比“设想的工作方式”与“实际的工作方式”、开展赏识型调查和学习复盘，从积极案例中汲取经验，从而显著推动从“指责文化”向“学习文化”的转变。通过采用西德尼·德克尔的“恢复型公正文化”模型处理所有健康和安全事件，我们逐步消除了人们对追责的恐惧，进一步促进了各层级间的信任建立。

各层级员工对获得的授权、信任和自主决策空间展现出高度认同，他们得以在专业领域充分发挥与生俱来的风险管理能力。当HSE教练组成员在场时，他们就不会担心被追责，因为对话始终是建设性的，而非指责他们哪里做错了或指挥他们该如何工作。部分领域的官僚流程已得到精简，仅保留必要环节。

通过语言本身的纯粹运用就产生了显著影响，因为某些词汇带有负面标签。具体改变包括：将“顾问”改为“教练”、“事故”改为“学习型事件”、“事故调查”改为“学习复盘”、“审核”改为“持续改进契机”。

一项新增的重要措施是：在进行传统事故调查（此处称为学习复盘）时，我们会与其他作业人员开展“设想的工作模式”与“实际的工作模式”的对比分析，以判断伤者的操作是普遍惯例还是孤立事件。截至目前，这种方法已提供了宝贵的学习机会，若未将其纳入复盘流程，这些发现很可能被遗漏。

关于这种方法，最常被问到的问题是“监管机构怎么看？”我可以坦诚地说，所有与我讨论过此事的监管机构都表示高度支持——与普遍认知相反，我们并非放任员工“随意操作”或“对小事故和轻伤漠不关心”。我们仍然完全符合监管标准和要求，只是从不同视角实现合规目标：不再执着于通过频繁审查和检查来挑错，而是通过分析常规工作流程推动协同改进，同样满足监管要求。监管机构实际上透露，他们支持这种方式，因为它通过发挥一线专业人员的技能与知识，将协作参与提升到了新高度。也有许多人质疑“采用安全新视角模型不可能通过新版ISO 45001认证”。

我很高兴地宣布，2018 年 10 月我们已获得认证推荐，且评审中未提出任何不符合项。据我们所知，这使我们成为英国首家达标机场运营商，也是全球首批通过该标准认证的“安全新视角”管理实践企业。

我们的报告中，有关反馈信息节选如下：

公司已将积极主动的健康与安全方法深植于运营体系。这一点在所有层级和职能中均有体现，与领导层团队的信息协作沟通也验证了这一点。企业推行独特的“安全新视角”理念，由高层主导并逐级落实至全员。该方法赋予员工自主权、给予充分信任，同时注重倾听，并与员工积极互动。公司正在以主动预防、积极态度、安全、负责的方式实现卢顿机场的运营战略目标。

本次审计的积极发现包括：

· 基于员工参与度调查建立、监控并传达目标。

· 与相关第三方的沟通渠道及协作机制。

· 领导层对实现全组织积极健康安全文化的承诺。

· 公司已全面审查其管理体系以满足 ISO 45001：2018 标准要求，本次审计确认其完全符合该标准。

随着我在伦敦卢顿机场的任期临近结束，我对机场当前的发展历程感到无比自豪。感谢我的团队、全体员工以及前首席执行官尼克·巴顿，感谢你们对我的信任与支持，使我得以引领健康与安全（H&S）工作迈向新方向。

改编自 Bown, S.（2019）. *The London Luton Airport safety differently journey*。

载于 *Safety differently* 期刊。

原文链接：https：//safetydifferently.com/the-london-luton-airport-safety-differently-journey/.

于我而言，西蒙堪称新一代安全领导者的典范。他引导团队与组织实现从“合规驱动”到“关怀驱动”的跃迁，其方法并非强推新政策、体系或规则，而是邀请团队共同参与，并生动践行其新口号——“安全不在于零事故，而在于信任、所有权意识、参与其中及积极姿态的共存”。他无须依赖《安全新视角用户手册》，而是将变革热忱转化为三大驱动力——保持求知欲、激发创造力、深化团队协作。

西蒙的方法还突出并部分解决了那些有意率先采用“安全新视角”的人经常提出的某些更常见的“是的，但是……”和“如果……怎么办？”之类的疑虑：

- 是的，但是我的上级绝不会支持这种方案。
- 如果监管部门不认可怎么办？
- 如果团队动态风险评估质量不达标怎么办？
- 是的，但是如何确保标准达成？

西蒙团队的实践历程在这里并非作为某种既定方案进行分享，而是作为一个例证，展示当我们从根本上转变对团队的认知时，员工参与安全工作的动力如何从外在（强制）转化为内在（自发）——这一认知揭示了人才是解决方案本身，而非需要被管理的问题。

西蒙方法论的核心是信任——既包含他对团队必须持有的信任，更涵盖他在团队内部培育的互信体系。这种双向信任创造了必要的心理安全感环境，使成员能够全身心投入、主动担责、充分发挥价值。

10.4 关键要点

- “安全新视角”代表了一种从传统官僚层级制方法的转变。

·“安全新视角”将人视为解决方案的组成部分，而非待管控的问题所在。

·权力与决策被授权下放，充分吸纳一线员工的参与。

·“安全新视角”方法有助于进一步培养信任和心理安全感。

10.5　反思问题

·你或你的企业已经采用了哪些（如果有的话）“安全新视角”方法的元素？

·若进一步推行该方法，你认为可能获得哪些具体收益？

·在推进过程中，你已遭遇或预计领导层会提出哪些“是的，但是……”式抵触？

·这些“如果……怎么办”式担忧是源于真实的业务风险，还是普遍性的变革抗拒？固守传统安全方法是否更可取？为什么？（或为何不可取？）

·在迈向更具包容性和人文关怀的安全领导力方面，你的下一步行动可能是什么？

结 语

关于管理与领导的差异已有诸多论述。我的核心理念可归结为：我们管理的是事，但领导的是人。传统安全方法试图通过强制推行规则、政策、规程及奖惩机制来“管理”员工，这必然催生一种官僚式、层级化、自上而下的管理风格，机械追求合规性。而正是这种方法，阻碍了组织在风险管理和培育关怀文化中最关键要素——信任的培育！

并非所有传统要素都需颠覆性改变。新一代安全领导者仍需聚焦风险识别与减缓，持续满足监管机构标准，并参与安全系统及操作规程的设计。变革的核心在于：这些工作将不再是单向将这些事情强加给员工，而是与团队共同做这些事情。

新一代安全领导者将视每次会议、每场工具箱安全例会及每次对话为建立信任与传递关怀的契机，并具备实现这些目标所需的专业知识和实践技能。

新一代安全领导者将减少“指令式告知”，转而更多运用“提问引导”，因为他们深知团队本就具备所需的解决方案。这种谦逊探询的姿态，能有效邀请团队深度参与，最终催生所有权意识、自豪感、内生驱动力及信任。此类具有心理安全感的团队将自发启动安全新视角模式转型，自信地共享他们的想法、表达关切之事，甚至主动暴露自己的失误。

本书深度剖析了卓越安全领导者的行为范式，但于我而言，这些行为本质上映射出他们的核心特质：他们是以价值观为锚点、保持真实的领导者，既有勇气展现脆弱，又能谦逊地卸下伪装，与团队建立深度共生的关系。

我并非唯一一个认为安全领导力需要朝着更具人文关怀的方式进行代际变革的人，近期由 Acre 框架咨询专家组（由来自 20 多个不同行业的 96 名高级健康与安全专业人士组成）开展的一项调查发现，89% 的小组成员认为非技术技能最为重要，而 100% 的成员表示在招聘和培养健康与安全领导者时，技术技能是最不重要的（Acre，2020）。该咨询专家组接着表示："我们认为，有必要采取行动，有效地定义一套更具前瞻性的非技术技能。有了这种通用语言，我们就能重塑教学方式，并提升下一代的技能。"

该咨询专家组界定了新一代安全领导者需具备以下核心特质（Acre，2020）：

· 成为持续发问者，而不是成为无所不知的人。

· 成为掌控情绪与人际关系智慧的高手，而不是成为技术专家。

· 激励他人在工作中找到目标感，激发内在驱动力，而非仅仅提供外在奖励。

· 通过接纳不确定性与脆弱性来揭示那些未曾察觉的机遇与挑战，而非试图在流程中剥离人性要素。

· 成为服务型领导者，而非处于层级体系中的权威人物。

· 倾听意见，积极引导，而非发号施令、强制控制。

随着众多资深健康与安全专家积极响应行动倡议，从合规驱动向关怀驱动的转型进程显然已形成强劲势头。

亲爱的读者，你是否已做好准备与我们同行？

附 录

悉德尼·德克尔（Sidney Dekker）教授已将《恢复型公正文化评估检查清单》公开发布，可通过以下链接获取：

http：//sidneydekker.com/wp-content/uploads/2018/12/RestorativeJustCultureChecklist.pdf.

RESTORATIVE JUST CULTURE CHECKLIST

Restorative Just Culture aims to repair trust and relationships damaged after an incident. It allows all parties to discuss how they have been affected, and collaboratively decide what should be done to repair the harm.

WHO IS HURT?

ACKNOWLEDGED: NO — YES

Have you acknowledged how the following parties have been hurt:

- **First victim(s)** – patients, passengers, colleagues, consumers, clients
- **Second victim(s)** – the practitioner(s) involved in the incident
- **Organization(s)** – may have suffered reputational or other harm
- **Community** – who witnessed or were affected by the incident
- **Others** – please specify:...

WHAT DO THEY NEED?

EXPLORED: NO — YES

Have you collaboratively explored the needs arising from harms done:

- **First victim(s)** – information, access, restitution, reassurance of prevention
- **Second victim(s)** – psychological first aid, compassion, reinstatement
- **Organization(s)** – information, leverage for change, reputational repair
- **Community** – information about incident and aftermath, reassurance
- **Others** – please specify:...

WHOSE OBLIGATION IS IT TO MEET THE NEED?

IDENTIFIED: NO — YES

Have you explored the needs arising from the harms above:

- **First victim(s)** – tell their story and willing to participate in restorative process
- **Second victim(s)** – willing to tell truth, express remorse, contribute to learning
- **Organization(s)** – willing to participate, offered help, explored systemic fixes
- **Community** – willing to participate in restorative process and forgiveness
- **Others** – please specify:...

READY TO FORGIVE?

NO — YES

Forgiveness is not a simple act, but a process between people:

- **Confession** – telling the truth of what happened and disclosing own role in it
- **Remorse** – expressing regret for harms caused and how to put things right
- **Forgiveness** – moving beyond event, reinvesting in trust and future together

ACHIEVED GOALS OF RESTORATIVE JUSTICE?

ACHIEVED: NO — YES

Your response is restorative if you have:

- **Moral engagement** – engaged parties in considering the right thing to do now
- **Emotional healing** – helped cope with guilt, humiliation; offered empathy
- **Reintegrating practitioner** – done what is needed to get person back in job
- **Organizational learning** – explored and addressed systemic causes of harm

Public Domain. By Professor Sidney Dekker—Griffith University, Delft University and Art of Work. **sidneydekker.com**

图附 –1　德克尔的恢复型公正文化检查清单 1

BACKGROUND OF RESTORATIVE JUSTICE

Restorative Just Culture asks:
- **Who is hurt?**
- **What do they need?**
- **Whose obligation is that?**

Accountability is *forward-looking*. Together, you explore what needs to be done and who should do it

An **account** is something you tell and learn from

Retributive Just Culture asks:
- What rule is broken?
- How bad is the breach?
- What should consequences be?

Accountability is *backward-looking*, finding the person to blame and imposing proportional sanctions

An **account** is something you settle or pay

WHY AVOID RETRIBUTIVE JUST CULTURE?

A retributive just culture can turn into a blunt HR or managerial instrument to get rid of people.
It plays out between 'offender' and employer--excluding voices of first victims, colleagues, community.
A retributive just culture is linked with hiding incidents and an unwillingness to report and learn.
The more powerful people are in an organization, the more 'just' they find their retributive just culture.
A retributive response doesn't identify systemic contributions to the incident, thus inviting repetition.

GUIDANCE FOR USE OF *RESTORATIVE* JUST CULTURE CHECKLIST

On the checklist, mark where you think you are, like so: or so:
Together, the marks reveal what you still need to do.

HURTS, NEEDS AND OBLIGATIONS

An incident causes (potential) hurts or harms. This creates needs in the parties harmed.
These needs produce obligations for the (other) parties involved.
Restorative justice allows parties to discuss their hurts, their needs and the resulting obligations *together*.
Incidents don't just harm their (first) victim(s). They also (potentially) harm the second victim, supervisors, the organization, colleagues, bystanders, families, regulatory relationships and the surrounding community. All these parties have different needs arising from the harms caused to them.
The checklist allows you to trace the harmed parties, their needs, and the obligations on them/others.

FORGIVENESS

Forgiveness is not a simple act of one person to another. Forgiveness is a relational process that involves truth-telling, repentance and the repair of trust. It takes time. Trust is easy to break and hard to fix. Some first victims may be unwilling or unable to forgive. Second victims can also have difficulty forgiving themselves. Parties need to have patience and compassion, and may end up going separate ways.

GOALS OF RESTORATIVE JUSTICE

- *Moral engagement* can mean accepting appropriate responsibility for what happened, recognizing the seriousness of harms caused, and humanizing the people involved. Incidents can overwhelm an organization (e.g. a legal, reputational, financial, managerial issue). It is easy to forget that it is also a moral issue: What is the right thing to do?
- *Emotional healing* aims to deal with feelings such as grief, resentment, humiliation, guilt and shame. It is a basis for repairing trust and relationships.
- *Reintegrating* the practitioner expresses the trust and confidence that the incident is about more than just the individual. Expensive lessons can disappear from the organization if the practitioner is not helped back into the job, and letting them go tends to obstruct the three other goals. If you fire someone, what have you fixed?
- Restorative justice is better geared toward *addressing the causes* of harm because it goes beyond the individual practitioner and invites a range of stories and voices. Forward-looking accountability is about avoiding blame, and instead fixing things.

图附 –2 德克尔的恢复型公正文化检查清单 2

参考文献

1. Acre.（2020）. Co–creating the future of H&S leadership development. Acre Frameworks Advisory Panel. https：//www.acre.com/thought–leadership/co–creating–the–future–of–h–and–s–leadership–devel opment（accessed February 9，2020）.

2. Avolio，B.，Gardner，W.L.，Walumbwa，F.O.，Luthans，F.，& May，D.R.（2004）. Unlocking the mask：A look at the process by which authentic leaders impact follower attitudes and behaviours. The Leadership Quarterly，146：2–34.

3. Bandura，A.（1997）. Self–Effcacy：The Exercise of Control. New York：Freeman.

4. Bown，S.（2019）. The London Luton Airport safety differently journey. Safety Differently. https：//safetydifferently.com/the–london–luton– airport–safety–differently–journey/（accessed February 11，2020）.

5. Burns，C.，Mearns，K.，& McGeorge，P.（2006）. Explicit and implicit trust within safety culture. Risk Analysis，26（5）：1139–1150.

6. Carrillo，R.（2020）. The Relationship Factor in Safety Leadership. London：Routledge.

7. Cavazotte，F.，Duarte，C.，& Gobbo，A.（2013）. Authentic leader，safe work：The infuence of leadership on safety performance. Brazilian Business Review，10（2）：95–115.

8. Collins，J.（2001）. Good to Great：Why Some Companies Make the Leap and Others Don't. New York：Harper Collins.

9. Collins，J.，& Porras，J.（2002）. Built to Last：Successful Habits of Visionary Companies. New York：Harper Business Essentials.

10. Conchie，S.M.（2013）. Transformational leadership，intrinsic motiva– tion，and trust：A moderated–mediated model of workplace safety. Journal of Occupational Health Psychology，18（2）：198–210.

11. Conchie, S.M., Taylor, P.J., & Charlton, A.(2011). Trust and dis- trust in safety leadership: Mirror refections? Safety Science, 49: 1208–1214.

12. Covey, S.M.R., & Merrill, R.R.(2006). The Speed of Trust: The One Thing that Changes Everything. New York: Simon and Schuster.

13. Covey, S.R.(2004). The 7 Habits of Highly Effective People: Restoring the Character Ethic. New York: Free Press.

14. Dekker, S.(2017). Zero vision: Enlightenment and new religion. Policy and Practice: Health and Safety, 15 (2): 101–107. doi: 10.1080/14773996.2017.1314070.

15. Dekker, S.(2020). Restorative just culture checklist. Download available at: http://sidneydekker.com/wp-content/uploads/2018/12/Restorati veJustCultureChecklist.pdf (accessed February 21, 2020).

16. Dirik, H.F., & Seren, I.(2017). The infuence of authentic leadership on safety climate in nursing. Journal of Nursing Management, 25 (5): 392- 401.

17. Edmondson, A.(1999). Psychological safety and learning behaviour in work teams. Administrative Science Quarterly, 44 (2): 350–383.

18. Edmondson, A.(2003). Psychological Safety, Trust and Learning in Organisations: A Group-Level Lens (Unpublished doctoral disser-tation or master's thesis). Harvard Business School, Boston, MA.

19. Edmondson, A.(2019). The Fearless Organization: Creating Psychological Safety in the Workplace for Learning, Innovation, and Growth. Hoboken, NJ: John Wiley & Sons.

20. Eid, J., Mearns, K., Larsson, G., et al.(2012). Leadership, psychological capital and safety research: Conceptual issues and future research questions. Safety Science, 50: 55–61.

21. George, W.(2003). Authentic Leadership; Rediscovering the Secrets to Creating Lasting Value. San Francisco, CA: Jossey-Bass.

22. Gunningham, N., & Sinclair, D.(2012). WP 85-Building Trust: OHS Management in the Mining Industry. Canberra: National Research Centre for OHS Regulation.

23. Heraghty, D., Rae, A.J., & Dekker, S.(2020). Managing accidents using retributive justice mechanisms: When the just culture policy gets done to you. Safety Science, 1: 26.

doi：10.1016/j.ssci.2020.104677.

24. Hollnagel，E.，Wears，R.L.，& Braithwaite，J.（2015）. From Safety-Ⅰ to Safety-Ⅱ：A White Paper. The Resilient Health Care Net：Published simultaneously by the University of Southern Denmark；University of Florida，USA；and Macquarie University，Australia.

25. Hopkins，A.（2005）. Safety，Culture and Risk. Australia：CCH Australia Ltd.

26. Hopkins，A.（2009）. Learning from High Reliability Organisations. Sydney：CCH Australia Limited.

27. Hopkins，A.（2012）. Disastrous Decisions：The Human and Organisational Causes of the Gulf of Mexico Blowout. Sydney：CCH Australia Limited.

28. Hudson，P.（1999）. Safety Culture-Theory and Practice. The Netherlands：Centre for Safety Science，Universiteit Leiden.

29. Hudson，P.（2001）. Safety management and safety culture：The long，hard and winding road. In：Pearse，W.，Gallagher，C.，& Bluff，L.（eds.），Occupational Health and Safety Management Systems. Melbourne，VIC：Crown Content，3-32.

30. Jeffcott，S.，Pidgeon，N.，Weman，A.，& Walls，J.（2006）. Risk，trust and safety culture in UK train operating companies. Risk Analysis，26（5）：1105-1121.

31. Kahya，C.（2015）. The relationship between locus of control and organisational silence：A study on the Turkish academicians. IIB International Refereed Academic Social Sciences Journal，6（19）：1-18.

32. Kaur，M.，De Boer，R.J.，Oates，A.，Rafferty，J.，& Dekker，S.（2019）. Restorative just culture：A study of the practical and eco-nomic effects of implementing restorative justice in an NHS trust. MATEC Web of Conferences，273，01007. doi：10.1051/mateconf/201927301007.

33. Long，R.（2012）. For the Love of Zero：Human Fallibility and Risk. Kambah，ACT：Scotoma Press.

34. Luthans，F.，& Avolio，B.J.（2003）. Authentic leadership development. In：K.S. Cameron，J.E. Dutton，& R.E. Quinn（eds.），Positive Organizational Scholarship. San Francisco，CA：Berrett-Koehler，241-261.

35. Mayer，R.C.，Davis，J.H.，& Schoorman，F.D.（1995）. An integrative model of

organisational trust. Academy of Management Review, 20 : 709–734.

36. Mearns, K.J. (2008) . Organisational support and safety outcomes : An un-investigated relationship? Safety Science, 46 (3) : 388–397.

37. Nielsen, M.B., Eid, J., Mearns, K., & Larsson, G. (2013) . Authentic leadership and its relationship with risk perception and safety cli–mate. Leadership and Organization Development Journal, 34 (4) : 308–325.

38. O'Dea, A., & Flin, R. (2001) . Site managers and safety leadership in the offshore oil and gas industry. Safety Science, 37 : 39–57.

39. O'Dell, C., & Grayson, C.J. (1998) . If only we knew what we know : Identifcation and transfer of internal best practices. California Management Review, 40 (3) : 154–174.

40. Perrow, C. (1984) . Normal Accidents : Living with High–Risk Technologies. New York : Basic Books.

41. Rae, D., & Provan, D. (2020) . Is adopting a zero harm policy good for safety? Podcast at https : //safetyofwork.com/episodes/ep12–is– adopting–a–zero–harm–policy–good–for–safety (accessed April 4, 2020) .

42. Reason, J. (1997) . Managing the Risks of Organizational Accidents. Farnham, Surrey : Ashgate Publishers.

43. Read, B.R., Zartl–Klik, A., Veit, C., Samhaber, R., & Zepic, H. (2010) . Safety leadership that engages the workforce to create sustainable HSE. Paper presented at the SPE International Conference on Health, Safety and Environment in Oil and Gas Exploration and Production, Rio de Janeiro, Brazil, 12–14 April 2010.

44. Rotter, J. (1973) . Internal locus of control scale. In : P. Robinson & R.F. Shaver (eds.) , Measures of Social Psychology Attitudes. Institute for Social Psychology. London : Academic Press Inc, Harcourt Brace Jovanovich, 53.

45. Seligman, M. (2002) . Authentic Happiness : Using the New Positive Psychology to Realize Your Potential for Lasting Fulfllment. New York : Simon & Schuster.

46. Sherratt, F., & Dainty, A. (2017) . UK construction safety : a zero para– dox? Policy and Practice in Health and Safety, 15 (2) , 108–116. doi : 10.1080/14773996.2017.1305040.

47. Skowron–Grabowska, B., & Sobociński, M. (2018) . Behaviour based safety

(BBS) – Advantages and criticism. Production Engineering Archives, 20 : 12–15.

48. Smith, S. (2007) . Behaviour based safety? Myth or magic. EHS Today, September 2007. http : //ehstoday.com/safety/ehs imp 75429/ (accessed February 9, 2020) .

49. Smith, T. (1999) . What is wrong with behavior based safety? Professional Safety, September 1999. https : //miningquiz.com/pdf/Behavior _Based_Safety/whats_wrong_with_behavior_based_safety.pdf (accessed February 9, 2020) .

50. Triplett, S., & Loh, J. (2017) . The moderating role of trust in the rela- tionship between work locus of control and psychological safety in organisational work teams. Australian Journal of Psychology, 70, 76–84. doi : 10.1111/ajpy.12168.

51. Weick, K., & Sutcliffe, K. (2001) . Managing the Unexpected : Assuring High Performance in an Age of Complexity. San Francisco, CA : Jossey–Bass.

52. Weick, K., & Sutcliffe, K. (2007) . Managing the Unexpected : Resilient Performance in an Age of Uncertainty. San Francisco, CA : Jossey–Bass.

53. Weick, K., Sutliffe, K., & Obstfeld, D. (1999) . Organizing for high reli–ability : Processes of collective mindfulness. In : R.S. Sutton & B.M. Staw (eds.), Research in Organizational Behavior, Volume 1. Stanford, CA : Jai Press, 81–123.

54. Wuebker, L.J. (1986) . Safety locus of control as a predictor of indus–trial accidents and injuries. Journal of Business and Psychology, 1 : 19–30.

55. Zacharatos, A., Barling, J., & Iverson, R.D. (2005) . High perfor–mance work systems and occupational safety. Journal of Applied Psychology, 90 : 77–93.

56. Zwetsloot, G.I.J.M., Kines, P., Wybo, J.L., Ruotsala, R., Drupsteen, L., & Bezemer, R.A. (2017) . Zero accident vision based strategies in organizations : Innovative perspectives. Safety Science, 91, 260– 268. doi : 10.1016/j.ssci.2016.08.016.

